职业技术 · 职业资格培训教材

调酒师
（中级）

主　编　宣伟良
主　审　肖建平

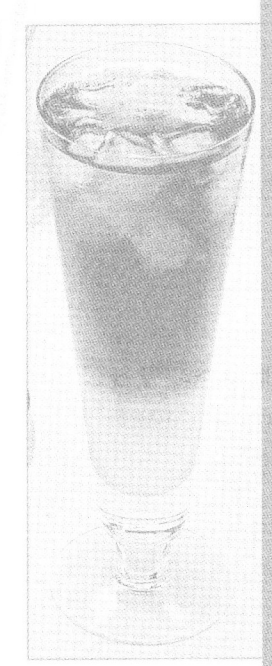

中国劳动社会保障出版社

图书在版编目(CIP)数据

调酒师：中级/宣伟良主编. —北京：中国劳动社会保障出版社，2002
职业技术·职业资格培训教材
ISBN 7-5045-3749-7

Ⅰ.调… Ⅱ.宣… Ⅲ.酒-勾兑-技术培训-教材 Ⅳ.TS972.19

中国版本图书馆 CIP 数据核字(2002)第 104990 号

中国劳动社会保障出版社出版发行
(北京市惠新东街1号 邮政编码：100029)
出 版 人：张梦欣

*

新华书店经销
北京人卫印刷厂印刷　北京密云青云装订厂装订
787 毫米×1092 毫米　16 开本　13.75 印张　230 千字
2003 年 4 月第 1 版　2013 年 3 月第 5 次印刷
定价：25.00 元

读者服务部电话：010-64929211/64921644/84643933
发行部电话：010-64961894
出版社网址：http：//www.class.com.cn
版权专有　　侵权必究
举报电话：010-64954652
如有印装差错，请与本社联系调换：010-80497374

内 容 简 介

《调酒师（中级）》一书由劳动和社会保障部教材办公室、上海市职业技术培训教研室依据调酒师（中级）1＋X职业技能鉴定考核细目组织编写。本书从强化培养操作技能，掌握一门实用技术的角度出发，较好地体现了本职业当前最新的实用知识与操作技术，对于提高从业人员基本素质，掌握中级调酒师的核心内容与方法有直接的帮助和指导作用。

主要内容包括：酒水知识，酒会的类型，酒吧的日常管理和控制，酒水的推销技巧，鸡尾酒的调制与创作，酒品的服务技术，酒吧常用英语等，并附有中级调酒师知识考核模拟试卷及答案。

本书可作为上海地区调酒师（中级）职业技能培训与鉴定考核教材，也可供全国其他地区从事调酒工作的人员学习掌握调酒知识与技巧，以及各宾馆饭店、酒店、酒吧等进行岗位培训、就业培训使用。

前　言

职业资格证书制度的推行，对广大劳动者系统地学习相关职业的知识和技能，提高就业能力、工作能力和职业转换能力有着重要的作用和意义，也为企业合理用工以及劳动者自主择业提供了依据。

随着我国科技进步、产业结构调整以及市场经济的不断发展，特别是加入世界贸易组织以后，各种新兴职业不断涌现，传统职业的知识和技术也愈来愈多地融进当代新知识、新技术、新工艺的内容。为适应新形势的发展，优化劳动力素质，上海市劳动和社会保障局在提升职业标准、完善技能鉴定方面做了积极的探索和尝试，推出了1＋X的鉴定考核细目和题库。1＋X中的1代表国家职业标准和鉴定题库，X是为适应上海市经济发展的需要，对职业标准和题库进行的提升，包括增加了职业标准未覆盖的职业，也包括对传统职业的知识和技能要求的提高。

上海市职业标准的提升和1＋X的鉴定模式，得到了国家劳动和社会保障部领导的肯定。为配合上海市开展的1＋X鉴定考核与培训的需要，劳动和社会保障部教材办公室、上海市职业技术培训教研室联合组织有关方面的专家、技术人员共同编写了职业技术·职业资格培训系列教材。

职业技术·职业资格培训教材严格按照1＋X鉴定考核细目进行编写，教材内容充分反映了当前从事职业活动所需要的最新核心知识与技能，较好地体现了科学性、先进性与超前性。聘请编写1＋X鉴定考核细目的专家，以及相关行业的专家参与教材的编审工作，保证了教材与鉴定考核细目和题库的紧密衔接。

职业技术·职业资格培训教材突出了适应职业技能培训的特色，按等级、分模块单元的编写模式，使学员通过学习与培训，不仅能够有助于通过鉴定考核，而且能够有针对性地系统学习，真正掌握本职业的实用技术与操作技能，

前 言

从而实现我会做什么，而不只是我懂什么。每个模块单元所附模拟测试题和答案用于检验学习效果，教材后附本级别的知识模拟试卷，使受培训者巩固提高所学知识与技能。

本教材虽结合上海市对职业标准的提升而开发，适用于上海市职业培训和职业资格鉴定考核，同时，也可为全国其他省市开展新职业、新技术职业培训和鉴定考核提供借鉴或参考。

新教材的编写是一项探索性工作，由于时间紧迫，不足之处在所难免，欢迎各使用单位及个人对教材提出宝贵意见和建议，以便教材修订时补充更正。

劳动和社会保障部教材办公室
上海市职业技术培训教研室

目 录

第一单元　酒水知识 ………………………………………………………（1）
　第一节　发酵酒 ………………………………………………………………（1）
　第二节　蒸馏酒 ………………………………………………………………（18）
　第三节　配制酒 ………………………………………………………………（69）
　模拟测试题 ……………………………………………………………………（86）
　模拟测试题答案 ………………………………………………………………（88）

第二单元　酒会 ……………………………………………………………（89）
　第一节　酒会的类型 …………………………………………………………（89）
　第二节　酒会酒吧设置 ………………………………………………………（91）
　第三节　酒会的工作程序 ……………………………………………………（92）
　模拟测试题 ……………………………………………………………………（96）
　模拟测试题答案 ………………………………………………………………（97）

第三单元　酒吧日常管理和控制 …………………………………………（98）
　第一节　酒吧的日常管理 ……………………………………………………（98）
　第二节　酒水的成本控制 ……………………………………………………（100）
　模拟测试题 ……………………………………………………………………（102）
　模拟测试题答案 ………………………………………………………………（103）

第四单元　酒水的推销 ……………………………………………………（105）
　第一节　酒水推销基础 ………………………………………………………（105）
　第二节　酒水推销的渠道和技巧 ……………………………………………（106）
　模拟测试题 ……………………………………………………………………（108）
　模拟测试题答案 ………………………………………………………………（109）

第五单元　鸡尾酒调制与创作 ……………………………………………（110）
　第一节　鸡尾酒的调制 ………………………………………………………（110）
　第二节　鸡尾酒的装饰物 ……………………………………………………（111）
　第三节　鸡尾酒的创作与品尝 ………………………………………………（120）

目录

第四节　50款鸡尾酒配方 …………………………………………（139）
　模拟测试题 ……………………………………………………（152）
　模拟测试题答案 ………………………………………………（153）

第六单元　调酒与色彩 …………………………………………（154）
　模拟测试题 ……………………………………………………（159）
　模拟测试题答案 ………………………………………………（160）

第七单元　酒品服务技术 ………………………………………（161）
第一节　酒品的选购与准备 ……………………………………（161）
第二节　酒具的准备和使用 ……………………………………（167）
第三节　服务操作技术 …………………………………………（171）
　模拟测试题 ……………………………………………………（185）
　模拟测试题答案 ………………………………………………（186）

第八单元　酒吧常用英语 ………………………………………（187）

　知识考核模拟试卷（一） ………………………………………（193）
　知识考核模拟试卷（二） ………………………………………（197）
　知识考核模拟试卷（一）答案 …………………………………（201）
　知识考核模拟试卷（二）答案 …………………………………（202）

附　件　酒吧专业名词和术语 …………………………………（203）

第一单元　　酒水知识

第一节　发酵酒

发酵酒是在酿酒的原料（谷物、水果等）中加入酵母和催化剂，经过发酵酿造而成的含酒精饮料。啤酒、葡萄酒和黄酒等都属于发酵酒。

酵母是一种催化剂，当酵母接触到像果实和蜂蜜这样的糖质材料时，能够立即发生发酵作用（单发酵）。但是，由于酵母自身没有糖化酶，当遇到大米、小麦、玉米等谷物，或以淀粉为主要成分的马铃薯等农作物时，在发酵之前需要利用一种叫做淀粉酶的糖分解酶，将淀粉转化成糖，然后再进行发酵作用（复发酵）。在西方是利用麦芽中的糖分解酶，东方则利用酒曲霉菌产生的糖分解酶将淀粉糖化。

发酵酒制成以后的酒精含量一般不超过15%。主要由原材料的含糖量决定。在生产过程中要加入酵母以利于分解糖分，糖分分解后产生酒精，当酒液中的酒精含量在13%～15%时，会使酵母停止活动，发酵也就停止。还有一种情况是由于酿酒的原料中含糖分很少，在这些糖分完全分解成乙醇时，发酵也就停止了。

一、葡萄酒

1. 葡萄酒简介

葡萄酒是用新鲜葡萄汁发酵而成的，其酒精含量较低，通常在8%～14%之间。

葡萄酒是欧美人在用餐时与食物一起享用的，故又称为餐酒。葡萄酒在几十年内销量成倍增长，成为一种深受各国人民喜爱的饮品，其主要原因是葡萄酒酒精含量低，容易入口。葡萄酒中含有丰富的维生素，特别是维生素B和维生素C，饮用后可以帮助消化，促进内分泌，使人的各种机能活力增强。从医学角度来看，葡萄酒是一种滋补强身的饮料，还对伤风感冒有一定的预防和治疗作用，并对一些疾病有辅助的疗效，例如贫血、动脉硬化等。葡萄酒中含有铁质和其他矿物质，经常饮用对人体十分有益。

世界上著名的葡萄酒生产国家有法国、意大利、德国、西班牙、美国等。葡萄酒产量意大利居第一位，法国第二位，西班牙第三位，其中以法国葡萄酒最为著名。

2. 葡萄品种介绍

世界上适合种植葡萄的地方只有在赤道南北的温带地区。全世界的葡萄品种有几千种，但可以用来酿制葡萄酒的只有50多种。主要分为白葡萄和红葡萄两种。以下是一些著名的葡萄品种：

(1) 白葡萄品种

1) 莎当妮（Chardonnay）。莎当妮是酿制白葡萄酒的优质白葡萄品种，号称"白葡萄之王"。这种白葡萄的汁味丰富、品质细腻，能酿造出世界上最好的白葡萄酒。

在勃艮第北部，人们用莎当妮酿制的夏布利酒（Chablis），以及主要用葡萄酿造的香槟酒（Champagne）都称做白葡萄酒，都是由白葡萄酿制的。有人把莎当妮称做香槟葡萄，从以下两个方面可以看出，这种说法很正确。莎当妮是酿造香槟酒最好的、特定的葡萄品种，并且莎当妮和香槟这两个名称都是高质量的信息载体。

在美国加利福尼亚，莎当妮酒的风格多样、变化万千。在法国用熟透的葡萄酿制，在橡木桶中发酵陈酿，生产出圆润、醇厚的葡萄酒，其味道醇美、口感强劲、质地润滑。还有的风格与此相近，但酒体稍淡。有几种不带橡木味，直接追求莎当妮的果香品质，酿出的酒风格独特、清新爽口。大多数加利福尼亚莎当妮酒，比法国同族酒体更加丰满、酒精含量更高。

研究莎当妮葡萄酒不能不提到它的橡木味。大多数莎当妮葡萄酒总要设法融入一些橡木味。最好的莎当妮葡萄酒需要在传统法国橡木桶中贮存陈酿，便宜一些的则在酒液中浸泡一些橡木片或者掺进一些橡木香精即可。

橡木所产生的味道有的似香草，有的似烟味，有的辛香，还有的有坚果味。因为这是来自大森林的气息。莎当妮葡萄酒味道甘醇、香气丰富，具有果味。从中可以道出任何一种你喜欢的水果的名字，至少可以品出它们的一点儿气息。

2) 白苏维浓（Sauvignon Blanc）。白苏维浓是一种适宜的白色酿酒葡萄，其产量较高，仲秋时节成熟。熟透后采摘、酿造的葡萄酒具有药草的香气，有时带有胡椒的香味。早摘的白苏维浓酿造的酒，青草气息很浓烈。

在法国，白苏维浓是桑塞尔白葡萄酒（Sancerre）、普宜汽酒（Pouilly-Fume）、卢瓦尔谷地葡萄酒的重要酿酒葡萄，也是生产苏特恩白葡萄酒（Sauternes）（产自波尔多南部）的主要原料。

波尔多的白格拉夫酒（White Graves）和皮萨里奥浓酒（Pessac-Leognan）基本都是白苏维浓葡萄酒。其风格从干性到半甜不等，通常品质一般，但也有品质极佳的。随着博若莱白葡萄酒在市场上的日益走俏，已有越来越多产自这一地区的好酒。

白苏维浓葡萄酒比莎当妮葡萄酒的酸度要高一些。有些葡萄酒爱好者喜欢它的清新口味。白苏维浓葡萄酒酒体清淡，有的酒体中等，一般都呈干性。产自欧洲的这类葡萄酒大部分都没有橡木味，而产自加利福尼亚的通常都有橡木味。这也许是因为美国人总是乐于尝试的原因吧。加利福尼亚白苏维浓葡萄酒有的是干性，有的稍甜，白葡萄汽酒（Fume Blanc）是其中很受欢迎的一个品牌。

3) 白谢宁（Chenin Blanc）。白谢宁是上等的白葡萄品种，最早在法国的卢瓦尔谷地广泛种植。在那里，人们既用它酿制非发泡性葡萄酒，也用它酿制发泡性葡萄酒，这种葡萄品种在美国加利福尼亚、澳大利亚、南非和南美栽培也很普遍。

白谢宁葡萄酒是一种具有果香的葡萄酒，有的呈极度干性，有的稍甜，还有的特别甜。甜型白谢宁当中最好的产自法国高地山区杜雷昂和沃莱，其中不乏具有传奇般品质的。质地最好的白谢宁酸度高、质地柔润，非同寻常。经陈酿色泽呈深深的金黄色，可以存放50年甚至更长的时间。其酒香特别容易让你想起鲜桃的香味，用早摘葡萄酿制的白谢宁葡萄酒有一种淡淡的青草和药草的芳香。

4) 雷司令（Riesling）。雷司令又称薏丝琳。如果说莎当妮是白葡萄之王，那么雷司令就是白葡萄皇后。雷司令是一种白色酿酒葡萄，德国雷司令葡萄酒的盛名使它位居上等葡萄之列。这种葡萄在德国以外很多地区长势也很好，著名的有法国东北部（靠近德国）的阿尔萨斯、美国的华盛顿州和纽约的芬格湖区以及中国的华东地区。

雷司令葡萄酒比莎当妮葡萄酒酒体更清淡，清淡可以使人感到神清气爽，而且口感同样令人满意。总的来说，雷司令葡萄酒酸度较高，酒精含量偏低或中等，并且有一种雷司令独有的果实香气和花的芬芳。

5）比诺格里乔（Pinot Grigio & Pinot Gris）。比诺格里乔又称比诺格里斯，是一种白色酿酒葡萄，和黑比诺（Pinot Noir）有亲缘关系，在阿尔萨斯，它被称为托考伊（Tokay），而在德国，它的名字是鲁兰德（Rulander）。

对于一个酿酒用的白葡萄品种来说，比诺格里乔的果皮颜色却深得有点让人吃惊。用该葡萄酿制的白葡萄酒，如果酿制得好，其酒体往往适中或丰满，品位中性，酸度低。如果没有等葡萄成熟就采摘下来，往往酸度高，毫无特色。由于没有特色，多数比诺格里乔常被人们弃而不用。而产于意大利的一些比诺格里乔葡萄却受到了人们越来越多的关注。比诺格里乔葡萄酒价格便宜，如果酿造得好，喝起来很顺口。意大利北部是这种葡萄酒的主要酿造基地，在美国的俄勒冈也有小面积的种植，这种酒也日益受到加利福尼亚人们的欢迎。

6）塞米雍（Semillon）。塞米雍是酿制苏特恩甜葡萄酒的白苏维浓葡萄的配料。它在整个葡萄酒产地都广泛种植。因为它的主要作用就是作配料，总是扮演伴娘的角色。它的酸度相对较低，有一种微妙而诱人的香气，有的具有羊毛脂的气味，还有的新酿时稍微有一点药草的气味。南非人们用它酿造出类似苏特恩的白葡萄酒，在南美国家用它酿制出爽口的干葡萄酒。澳大利亚酿造的同类酒有的呈干性，有的半甜并且常常在酒标上标为"雷司令"。在加利福尼亚，此酒刚酿出来时是甜的，然后勾兑成普通酒出售。

7）麝香葡萄（Muscat）。麝香葡萄家族包括白麝香（Muscat Blanc）、莫萨托（Moscato）、马斯喀代尔（Muscadelle）以及亚历山大麝香葡萄（Muscat of Alexandria），所有这些都是白葡萄品种，它们具有独特的、很容易辨别的酒香——辛香、麝香、松树的香气和香料的香味。白麝香葡萄有极大的利用价值，然而，所有这类葡萄都被用来酿制餐桌酒、气泡酒以及加度酒了。意大利的阿斯蒂白葡萄汽酒（Sparkling Asti）就是由麝香葡萄酿制的，品其味道就像熟透的葡萄一样。

麝香葡萄酒有的很细腻，有的很强劲，这要取决于葡萄生长的环境和酿造工艺。其风格有的呈干性，有的特别甜。阿尔萨斯麝香葡萄酒酒体清淡、柔畅适口。而加利福尼亚酿造的酒却是诱人的半甜餐桌葡萄酒。麝香葡萄酒酸度低，有的具有香料的香气，有的带着花香，有的辛香，还有的具有松柏的香气，固有的苦味常常夹带着丝丝甜意。

8）缪勒瑟高（Muller Thurgau）。缪勒瑟高是一种在德国最常栽培的白色酿酒葡萄，然而谁也说不准它的"身世"。它也许是雷司令和西尔瓦那的杂交品种，也许是两个雷司令克隆培植的杂交品种。它的成熟期比雷司令早，这使它在较冷的气候中具有优势。所酿造的酒清香、柔和、圆润，但常常缺乏特性。

9）杰乌兹拉米纳（Gewurztraminer）。杰乌兹拉米纳葡萄酒喝起来比念这个酒名顺口得多。这种葡萄是曾经广泛种植的特拉米纳白色酿酒葡萄的克隆品种。这个名字的原意来自"特拉米纳的芳香葡萄"。

由于其独特的色泽和品味，杰乌兹拉米纳葡萄酒最近为自己赢得了一席之地。其颜色呈深深的金黄色，有玫瑰和荔枝果的香气。其品位高雅富有魅力。气味呈辛香、花香和果香，而味道却令人惊奇地呈干性。

杰乌兹拉米纳葡萄的糖分含量很高、酸度低，酿出来的酒酒精含量高且很柔和。杰乌兹拉米纳葡萄酒榨汁含量很高，这又会抵消柔和的感觉，使该酒富有烈度和神韵，而不至于让人喝起来平淡乏味。

最出色的杰乌兹拉米纳葡萄酒来自阿尔萨斯。美国酿造的酒比起阿尔萨斯同族的酒，酒体更清淡、甜度更高一些。

10）白比诺（Pinot Blanc）。白比诺是上等品种的葡萄黑比诺的白色变体，在许多地区都广泛种植。主要产区有：法国勃艮第和阿尔萨斯、意大利、德国、奥地利以及美国加利福尼亚。在德国白比诺被称做白勃根达（Weissburgunder），在意大利它被称做比安科比诺（Pinot Bianco）或德阿尔巴比诺（Pint d'Alba）。

用较好的白比诺酿制的葡萄酒强劲，具有芳香的果味，酸度高，给人留下的印象几乎都是太酸，需要窖藏一段时间才能饮用。在加利福尼亚，它被用做很多起泡葡萄酒的配料。它成熟期早而产量极低，在竞争中已经落后于莎当妮。

11）特雷比阿诺（Trebbiano）。这种白色酿酒葡萄在意大利中部广泛种植，成熟期晚，产量很高。由于它是酿制苏瓦韦白葡萄酒（Soave）、奥维多白葡萄酒（Orvieto）和其他颇受欢迎的意大利白葡萄酒的主要原料，因此现在已经成为一个重要的白葡萄品种。

（2）红葡萄品种

1）卡本内·苏维翁（Cabernet Sauvignon）。卡本内·苏维翁是与莎当妮对等的品种，是红色酿酒葡萄王国的一国之君。理想的卡本内·苏维翁葡萄酒味道醇厚、色泽深沉，并且随着在瓶中陈酿时间的推移，会醇化得愈发细腻典雅。

人们把卡本内·苏维翁葡萄移栽到加利福尼亚，长势很好。一些加利福尼亚卡本内·苏维翁葡萄酒和波尔多极为相似，有几种已达上等品级。其他的加利福尼亚卡本内·苏维翁各种质量都有。南美国家，特别是智利和阿根廷，都大量生产卡本内·苏维翁葡萄酒，但质量不稳定。

卡本内·苏维翁是一种多用途的酿酒葡萄，单独用料或与其他葡萄搭配使用，效果都很好。当用将近100％的卡本内·苏维翁酿酒时，效果最好，贮藏时间最长，而且它又有与其他葡萄搭配使用的良好特性。常与它搭配的葡萄品种有卡本内·法兰克（Cabernet Franc）、梅洛（Merlot）、玛尔贝（Malbec）。在梅多克，用的是小维多特（Petit Verdot）；在加利福尼亚，用的是梅洛，还有的用金芬多（Zinfandel）；在澳大利亚，用的是希拉子（Shiraz）。

卡本内·苏维翁葡萄酒富含单宁酸，酒体适中或丰满，具有显著的特定品种葡萄的特点——辛香而伴有柿子椒的清香，口味常常很涩。由熟透的葡萄酿制的色泽很深的卡本内·苏维翁酒，经常具有一种薄荷或雪松的气味，同时伴有黑加仑特点。

2）佳美（Gamay）。在法国薄酒莱（Beaujolais）地区佳美葡萄长势最好。加利福尼亚也栽培这种葡萄，叫做纳帕佳美（Napa Gamay）。而在加利福尼亚栽培的佳美（Gamay）是黑比诺的一种，并非真正的佳美葡萄。按照传统，大多数勃艮第地区不许栽培佳美葡萄，这是几个世纪以前皇家法令的规定，但它在薄酒莱地区广泛栽培，酿造的葡萄酒酒体清淡、新鲜爽口、富有果香，属于短期内即可饮用的酒。由于它是新酿酒，所以具有一种清新的果香，还带有一种草莓或紫莓的味道。

3）金芬多（Zinfandel）。金芬多是红色酿酒葡萄品种，它只在加利福尼亚有商业性栽培。

金芬多虽然不像黑比诺那样对环境极为挑剔，但对气候和产地很敏感。在炎热的气候条件下容易变成葡萄干，且产生过多的其他物质。它所酿制的葡萄酒有的属于平淡的品质；有的味道极为丰富，酒体厚重，富含单宁酸和榨汁。最典型的特点是具有一种黑莓或紫莓等浆果的味道，还伴有一种香、辛的气息，其风格多样，有的酒体清淡，有的厚重而甜蜜，也有的属晚摘风格。现在，人们常采用它来酿制味道丰富、富含单宁酸而口感柔和醇烈的葡萄酒，这种酒需要贮存一段时间后再饮用。

4）黑比诺（Pinot Noir）。黑比诺是最好的葡萄品种之一。它在葡萄酒世界中广泛种植。但是，由于其品种对土壤、气候极为敏感，且克隆品种变化多样，所以栽培并不很成功，是一个变化无常的葡萄品种。

黑比诺在排灌良好的白垩质土壤和黏质土壤中以及凉爽的气候条件下长势最好，用它酿制的葡萄酒贮存时间长，充满了类似于紫罗兰、玫瑰以及其他细腻、丰富的香气。用长势稍差一点的黑比诺酿制的葡萄酒有一种明显的果香，仍然很有魅力。用长势极差的黑比诺酿制的葡萄酒口感粗糙、没有特色，往往口感平淡且发酸，根本不配称做特定品种的葡萄酒。

直到最近，酒商一直认为黑比诺将永远是法国的"爱国主义者"，只有在三色旗下才把自己最好的东西贡献出来。尽管如此，美国的加利福尼亚、俄勒冈、华盛顿和纽约，澳大利亚，南非和意大利的几个酒厂已经证明，选择适宜的克隆品种，经过葡萄园精心培育以及恰当的酿酒工艺，可以使这个品种的葡萄与其法国同族相媲美。

5）梅洛（Merlot）。梅洛是在法国波尔多地区最为广泛种植的酿酒红色葡萄品种，在世界许多葡萄酒产区都有栽培。这种葡萄成熟期早，颜色适中。作为特定品种的葡萄，用它酿制出来的葡萄酒柔顺、细腻，口感很好。最好的梅洛具有色泽深、层次丰富以及贮存时间长等特点。有"世界上价格最贵葡萄酒"之称的比德律酒庄（Chateau Petrus）生产的酒，就是以梅洛葡萄酿成的。

梅洛有一种显著的药草气息，这和卡本内·苏维翁所具有的柿子椒的气味迥然不同。它的单宁酸含量低，酸度通常也较低，所酿造的葡萄酒更加圆润、浓郁，酒的醇熟期也较短。

6）希哈（Syrah）。希哈在澳大利亚被称做希拉子（Shiraz）和赫米特兹（Hermitage），原产于法国隆河谷地，也是最佳产地。它可以酿制出色泽深暗、质地稠密、口感强烈的红葡萄酒。酒龄短时，它的单宁酸含量较高，故适宜贮存3年以上再配食物饮用为佳。成熟的希哈酒带有杉木的清香，并有混合的香料气味。

在法国，希哈也用于同其他品种的葡萄酒进行调配。酿制最好的希哈葡萄酒的葡萄取自于产量低的葡萄园，因为产量过高会降低葡萄酒的质量。品种与生长区域与气候密切相关，葡萄酒的质量会因葡萄园的不同而明显不同。

7）品丽珠（Cabernet Franc）。品丽珠作为卡本内·苏维翁的近亲，该品种的原产地一般被视为是波尔多地区（Bordeaux）。然而，在卢瓦尔（Loire）和法国其他一些地区以及美国东部和西部的一些州也种植该品种。该品种的习性与卡本内·苏维翁一样，易于管理，长势很好，而且产量也很高，然而与卡本内·苏维翁相比易受霉菌的侵蚀。在法国的波尔多地区，品丽珠主要用来与卡本内·苏维翁、梅洛混合酿造葡萄酒。

8）奈比奥罗（Nebbiolo）。奈比奥罗是意大利皮埃蒙特地区的骄傲。因为这种红色酿酒葡萄对气候和土壤的轻微变化都很敏感，只能在少数几个地方栽种。用它所酿造的最好的葡萄酒是巴罗洛酒（Barolo）、巴巴莱斯科酒（Barbaresco）以及加蒂纳拉酒（Gattinara）等口味醇烈的陈酿葡萄酒。

大多数皮埃蒙特葡萄酒（Piedmont）色泽深，酒体丰富，有明显的紫罗兰或泥土的芬芳，有时稍带一种焦油的气味，有的具有药草的气息，新酿酒有一种果香。

9）坦普罗尼拉（Tempranillo）。坦普罗尼拉是一种西班牙酿酒葡萄，用它所酿造的葡萄酒酸度低，酒精含量适中。该葡萄本身色泽深，但是，由于在酿造里奥哈葡萄酒（Rioja）的过程中，它需要长期在木桶中发酵并和格伦纳什那样的色泽较淡的一些葡萄品种掺和搭配，所以本来的色泽就基本看不出来了。

10）巴伯拉（Barbera）。巴伯拉主要在意大利和美国加利福尼亚栽培。在意大利的许多产区，它被制成以产地命名的特定品种葡萄酒，例如巴伯拉德阿斯蒂（Barbera d'Asti）。因生长环境和产地的不同，在意大利酿制的巴伯拉葡萄酒有的具有适口的果香，有的口味稍微醇厚、辛辣。在加利福尼亚，主要在气候温暖或者炎热的地区栽培巴伯拉葡萄，用它酿造的葡萄酒柔和而具有果味，通常勾兑成壶装葡萄酒，但偶尔也酿造出强劲的、有涩味的、醇美的葡萄酒。现在流行的做法是在新橡木桶中发酵酝酿以增加单宁酸含量和清新的口感。

11）格伦那什（Grenache）。格伦那什葡萄原产于西班牙，而人们常常以为它跟法国罗纳谷地所栽培的品种是一样的，那里酿制的酒体丰富的玫瑰葡萄酒和富有果味的红葡萄酒，从普通的罗纳葡萄酒到辉煌的阿维尼翁红葡萄酒的各个层次都应有尽有。在西班牙，它被称做加纳卡（Garnacha），是勾兑里奥哈酒的葡萄品种之一。

格伦那什葡萄呈鲜艳的橘黄色，富有果香，有草莓的味道，用它酿制的玫瑰葡萄酒或做配料都很理想。产自罗纳谷地的玫瑰葡萄酒塔瓦尔就是典型的例子。该酒酝酿成熟时，酒体丰富、香气浓郁、干性、呈古铜色。格伦那什还被用做酿制阿维尼翁、吉根达斯（Gigondas）和罗纳葡萄酒等著名的产自罗纳河流域的红葡萄酒的配料。在朗格多克和普罗旺斯地区，人们还用它酿制一些酒体丰富、果味十足的红葡萄酒和玫瑰葡萄酒。它在炎热的气候条件下长势良好，在全世界许多葡萄酒产区都广泛种植，常用它勾兑普通红葡萄酒和玫瑰葡萄酒。

3. 葡萄酒的酿制过程

葡萄采集──→榨汁──→发酵──→入桶陈化──→装瓶

葡萄的成熟季节是在每年 9～10 月初，人们将成熟的葡萄从种植园中收摘回来后，放入榨汁机内压榨，流出的新鲜葡萄汁被灌入发酵桶内等待发酵。发酵时，由于葡萄本身含有天然酵母，酵母必须在 10～32℃ 之间的环境下才能正常运作。由于发酵过程会使温度升高，所以温度的控制非常重要。葡萄中的霉菌和酵母与葡萄糖作用后分解成酒精和二氧化碳，二氧化碳以气体状态排出。经过几个星期的发酵后，葡萄酒中的酒精含量达到 13%～15% 时，发酵就会自动停止。当酒精含量达到 12% 时开始杀死酵母，成为桶中的沉淀物，整个发酵过程就结束了。

刚完成发酵的葡萄酒是浑浊不清的，还不适合饮用，需要经过澄清除渣后放入木桶内进行蕴藏。木桶通常都存放在地窖内，因为地窖内的湿度和温度一年四季都比较稳定。一般经过 3 年左右的陈化，葡萄酒就可以装瓶以备出售了。装瓶后的葡萄酒要封上软木塞，横放在酒窖中，因为这样可以让酒液与软木塞接触使软木塞膨胀，阻止空气与酒液空气接触，使酒液不会氧化和过度蒸发，影响葡萄酒的质量。一瓶上等的葡萄酒具有香醇、清爽、甘香、丰润等独特的品质，是在悠悠的岁月中渐渐形成的。

4. 葡萄酒在国内的发展

在用餐时点上一瓶价格适中的葡萄酒，对于现在的人们来说是很平常的事了。但是在 10 年前，中国人对于葡萄酒的认识还很模糊。当时人们饮用的葡萄酒主要是以甜型葡萄酒为主，质量较差且口味不佳，不适合配餐饮用。随着对外开放的日益深入，国外生活习惯和饮食习惯渐渐融入到我们的生活当中，作为西餐中的重要组成部分，葡萄酒也开始在中餐中使用，干型、半干型葡萄酒开始慢慢流行起来。但是由于人们对于葡萄酒知识的缺乏，盲目地迷信进口葡萄酒，使得一些质次价高的进口葡萄酒在市场上大肆泛滥。随着国内葡萄酒业的迅速发展，例如王朝、长城、皇轩等一些国产葡萄酒品牌得到了消费者的认可，使得质次价高的进口葡萄酒失去了市场。随着人们对于葡萄酒的爱好和对知识的深入了解，有一些人开始有意识地收藏质量好，价格适中的好年份葡萄酒。从对葡萄酒一无所知到收藏葡萄酒，仅短短的十几年时间，可以说是一种飞跃。

5. 中国著名葡萄酒品牌

（1）张裕葡萄酒。张裕葡萄酒是由山东烟台张裕葡萄酒公司生产的，该公司创立于1892年，由著名爱国实业家张弼士先生创办，他开创了我国现代葡萄酒业的先河。张裕葡萄酒在1915年巴拿马万国商品赛上获得四项金奖。

（2）长城葡萄酒。中国长城葡萄酒有限公司成立于1983年8月，公司位于河北沙城，这里昼夜温差大，日照时间长，土层深厚，土壤沙质，很适合葡萄的生长，生产的龙眼葡萄果皮紫红，果汁无色，含糖量高达20%，酿出的长城干白葡萄酒微黄带绿，果香怡人，1986年在巴黎第12届国际食品博览会上获得金奖，被欧美专家誉为"典型的东方美酒"。

（3）王朝葡萄酒。王朝葡萄酒是由天津中法合营葡萄酿酒有限公司生产，它是我国第一家合营的葡萄酒公司。王朝白葡萄酒属半干型，用玫瑰香葡萄酿制而成，果香浓郁，醇和润口，多次在国内外获奖，是深受广大消费者欢迎的葡萄酒品。

（4）华东意斯林葡萄酒。华东意斯林葡萄酒是由中外合资华东葡萄酿酒有限公司按照国际酒典生产的高级葡萄酒。该酒属于单品种年份全干白葡萄酒。所谓单品种是指该酒原料全部采用上等单一莱茵意斯林（Riesling）葡萄汁，经先进的低温发酵工艺酿制，不掺杂其他品种葡萄，具有醇正的典型意斯林葡萄果香味。该酒采用当年收获的新鲜葡萄酿制，在酒标上注明年份，以表示收获和酿制的年份，以便贮藏和品尝。华东意斯林葡萄酒几乎不含糖分（糖度低于0.4克/100毫升酒），饮用时不甜微酸，爽口开胃，极适于助餐，是我国第一家符合国际酒典要求的单品种年份全干白葡萄酒。

二、其他水果发酵酒

除了用葡萄发酵制成的葡萄酒以外，世界上还有很多利用其他水果发酵制成的水果发酵酒。从广义上说，任何水果汁经发酵制成的酒都可称为发酵酒，惟独葡萄汁发酵制成的酒叫葡萄酒，因为这是使用最多的水果发酵酒。在商业用途上，其他水果发酵酒较为少见。

国际上常见的水果发酵酒有：苹果酒（Cider）和梨子酒（Perry），其酿制法与葡萄酒差不多，酒精含量在2%～8%之间。有些品种的酒度会稍高一些。这些酒的甜味和水果味都很浓烈。

在英国和西班牙，有将苹果酒和梨酒装瓶后进行第二次发酵，制成苹果气泡酒和梨子气泡酒的，这种酒在拉丁美洲国家很流行。

常见的国产水果发酵酒有：福建的荔枝酒、广东的菠萝酒、沈阳的山楂酒，这些酒采用加糖发酵，酒精含量在14%左右。

三、谷物发酵酒

谷物发酵酒的原材料主要是谷物类。谷物发酵酒的制作原理是将谷物中的淀粉水解生成麦芽糖，麦芽糖加入酵母后发酵便可产生酒精和碳化物。谷物与葡萄等水果不同，制作发酵酒时需要加入酵母发酵，才能制成酒。世界上较著名的谷物发酵酒，除啤酒外，还有日本的清酒和中国的黄酒。

1. 日本清酒

（1）清酒的历史。日本何时开始酿造清酒，目前还没有准确的定论，大约可以追溯到2 000年前。但是，造酒的文字记载则始于公元前1世纪，可以推测就是这个时期从中国或朝鲜传入了"热蒸"这种技术，日本的造酒开始普及开来。

此后，经过日本的镰仓时代、室町时代，在太平盛世时代，造酒技术有了进步，从而确立了现在日本清酒制造的基础。伴随着碾米机的改进、搪瓷槽的使用、四季酿造设备的完备等工厂现代化，质量均一化的清酒被越来越多地制造出来。而且消费者的口味也发生着变化。在战争中和战后的混乱时期，人们喜爱喝甜酒，然而进入和平年代之后，人们开始喜欢喝辣味酒了。从1978年以后，清酒开始向辛辣化发展。1992年，日本酒税级别废除后，购买名牌产品的消费者增加了。进而，又出现了只饮用纯米酒或吟酿酒等高级酒的消费者，于是出现了消费多样化的潮流。

（2）清酒的原料。清酒的原料基本上是大米、米酒曲和水，只用这些材料制造出的酒是纯米酒。现在在消费量最多的普通清酒中，有的添加了用酒精酿造，甚至也有添加有机酸或葡萄糖等物质。

1）原料米。酿造清酒的原料米一般使用普通糙米（做饭用的普通米）和酿造用糙米。酿造用糙米也被称为造酒适用米。"山田锦""雄町"等适用米都是很出名的。造酒适用米的特征一般是颗粒较大，米中心有一个白心不透明部分。如果这些名牌原料的使用量在50%以上，就能将其品牌名标示出来,所以,很多造酒者争相使用这些有名的造酒适用米。

2) 酿造用酒精。除了纯米酒、纯米吟酿酒之外,在商标的原料一栏中要标示出酿造用酒精。以往是为了增加数量而使用这种酒精,而现在往往是为了达到增加香味,提高保存性能,调制爽口口味等效果而使用。

可以添加多少酒精还没有统一的规定,但对于一般酿造酒和陈酿酒却有如下的基准,即添加的酒精质量换算成95%的酒精量,应在白米质量的10%以下。

3) 糖类。糖类是指麦芽糖或葡萄糖。使用这些糖类时,要标出"糖类"或"酿造用糖类"。

4) 酸味料和调味料。酸味料有乳酸、琥珀酸、柠檬酸、苹果酸等有机酸。调味料有氨基酸,即谷氨酸。使用这些酸味料、调味料的目的是为了使加入酿造酒精稀释过的清酒口味接近原来清酒的味道。

(3) 清酒的制造。清酒的制造是从精碾大米开始的。这种精碾米的出米率为70%~45%(我们日常食用的大米为90%左右),酿造吟酿酒的精米出米率在60%以下,而酿造大吟酿酒的出米率仅为50%以下。将这种精碾米充分清洗,使其充分吸收水分制成蒸米。在蒸米的一部分中加入种曲,制成米曲。用这种米曲、蒸米、纯培养酵母和水来制取酒母,再将水、米曲、自然冷却的蒸米放入制成的酒母当中,制取原浆。与其他酿造酒相比,清酒的酒精度之所以高,就是采取了这种被称为"三段下料法"的清酒独特酿造技术而取得的。

经过20~30天,原浆的发酵结束,通过压榨之后便产生了生酒(清酒)。此时酒精含量在20%以上,而剩余的残粕就是酒粕。生酒通过过滤、勾兑、再过滤后装瓶就成为供应市场的生酒。生酒通过贮藏、过滤、装瓶后就成为供应市场的各种原酒。生酒通过加热、贮藏、过滤、勾兑、加热装瓶就成为供应市场的生贮藏酒或一般清酒。

(4) 清酒的类型。清酒被冠以如下各种各样的名称,并被分为各种各样的类型。本酿造级别以上的清酒约占20%,其余80%则是被称为普通酒的清酒。

1) 普通酒。普通酒是人们最常饮用的清酒,是一种添加了酿造酒精,味道被很好地调整了的酒。酒精添加的上限控制在使用白米的质量以内,价格便宜也是其特征之一。

2) 本酿造酒。在原浆的末期,为了调制香气和味道,要添加酿造用酒精，其添加质量要控制在使用原料米质量的10%以内。精米出米率为70%以下。是一种口感好，宜饮用，有柔和感的清酒。

3）纯米酒。只用出米率为70%以下的原料米、米曲、水制造的酒叫纯米酒。这种酒多为带有米香味的，口味浓厚的清酒。纯米吟酿酒所用的精米出米率在60%以下。

4）吟酿酒。所谓吟酿，就是制造出特殊吟味的意思。精米的出米率在60%以下，是相当奢侈的。其制造方法是使精米在低温下缓慢发酵，以增加酒粕的生成数量。该酒的特征是具有被称为吟香的独特水果香味，并有顺畅清爽的口感。大吟酿酒的精米出米率都在50%以下，是一种更为奢侈的酒品。

2. 中国黄酒

黄酒是中国古老的酒精饮料之一，是中国的特色酒品。近千年来，我国劳动人民在黄酒的生产中积累了丰富的经验，使中国黄酒品质优异，风味独特。

黄酒是以粮食为主要原料，通过独特的加工过程，受到酒药、曲（麦曲、红曲）和浆水（浸米水）等不同种类的霉菌、酵母和细菌的共同作用而酿成的一种低度压榨酒。黄酒酒液中主要有糖分、糊精、醇类、甘油、有机酸、氨基酸、酯类、维生素等成分，是一种营养成分很高的饮料。这种成分及其变化、配合，形成了黄酒的浓郁香气、鲜美口味和醇厚酒体等特点。

黄酒的酒色并非黄色，而是由于大多数酒品具有黄亮的色泽，因而习惯上被人们称为"黄酒"。

（1）黄酒的原料。黄酒的主要原料有糯米、粳米、黏黄米等。江南地区主要使用糯米、粳米，东北地区使用黏黄米。

1）糯米。糯米俗称江米，是江南黄酒的主要原料。糯米淀粉含量高，蛋白质等其他成分较少。糯米淀粉大多数为支链淀粉，这种淀粉具有吸水快、易糊化等特点。糖化后，使酒中含有糊精和低聚糖，酒味甜而醇厚。

2）粳米。从20世纪50年代起，酿酒工人打破了只用糯米酿制黄酒的常规，开始使用粳米制造黄酒。粳米淀粉中直链淀粉较多，不易糊化，应加压糊化，防止出现硬心和白心，并且便于淀粉糖化。用粳米生产黄酒出酒率高，但酒中残糖及糊精较少，风味较差。

3）黏黄米。黏黄米又称黍米，是北方杂粮作物。黏黄米与糯米相似，淀粉中支链淀粉较多，因而在酒中含有糊精和低聚糖，生产出的黄酒酒味醇厚，风味较好。

(2) 黄酒的种类。黄酒具有悠久的历史，分布区域很广，品种繁多，品质优良，风味独特，其分类方法也各不相同。

按含糖量可以分成四类：

1) 干型黄酒。含糖量在 0.5 克葡萄糖/100 毫升酒以下，代表酒有绍兴的元红酒。

2) 半干型黄酒。含糖量在 0.5~3.0 克葡萄糖/100 毫升酒之间，代表酒有绍兴的加饭酒。

3) 半甜型黄酒。含糖量在 3.0~10 克葡萄糖/100 毫升酒之间，代表酒有绍兴的善酿酒。

4) 甜型黄酒。含糖量在 10 克葡萄糖/100 毫升酒以上，代表酒有绍兴的香雪酒。

按黄酒的产区、原料、风味的不同也可分成四类：

①南方糯米（粳米）黄酒。南方糯米（粳米）黄酒是长江以南地区，以糯米（粳米）为原料，以酒药和麦曲为糖化发酵剂酿成的黄酒。这种黄酒在中国黄酒中占很大比例，主要品种有绍兴加饭酒、元红酒、花雕酒以及各种加饭酒、仿绍酒。

②红曲黄酒。红曲黄酒是以糯米为主要原料，以大米和红曲霉制的米曲为糖化发酵剂酿成的，闽、台、苏、浙一带气候炎热，适宜用耐高温的红曲霉制米曲，用此曲制成的酒被称为红曲黄酒。由于在制酒过程中糖化发酵缓慢，故常加白曲（米曲）。红曲黄酒的主要产地是福建、江浙一带，主要品种有福州红曲黄酒、闽北红曲黄酒、福建粳米红曲黄酒、温州乌衣红曲黄酒等。

③北方黍米黄酒。华北和东北广大地区生产的黄酒基本上以黍米为原料，用麦曲（或米曲）为糖化剂酿制而成，故统称为北方黍米黄酒。在酿酒过程中，麦曲在投产前先经烘焙，除去杂味和杀灭杂菌，将米煮成干粥状是其制酒特点。主要酒品有山东即墨黄酒、兰陵美酒、山西黄酒、京津及东北各地生产的黄酒。

④大米清酒。大米清酒是一种改良的大米黄酒，酒色淡黄，清亮而富有光泽，具有清酒特有的香味，在风格上不同于其他清酒。以精白大米为原料酿造的酒是日本的特产，已有悠久的历史。中国清酒的生产较晚，发展较慢，比较著名的有吉林清酒和即墨特级清酒等。

(3) 黄酒的特点。黄酒的种类虽然很多，但它们具有一些共同的特点。

1）黄酒皆是以粮食为原料酿成的发酵原酒。

2）黄酒酒药中常配加中草药，使之具有独特的风味。

3）由于使用了不同种类的麦曲和红曲，生产出的黄酒具有浓郁的曲味和曲香。

4）黄酒在酿造过程中，淀粉糖化、酒精发酵等同时进行，交互反应，同时低温发酵酿造。酒精发酵的全部生成物构成了黄酒特有的色、香、味、体，酒精含量较低，一般在15%～20%。

5）成品黄酒都用煎煮法灭菌，用陶坛盛装，既可直接饮用，也便于久藏。酒坛用无菌荷叶封口，并用糠和黏土等混合加封泥头，封口既严，且便于开启。酒液在陶坛中进行后熟，越陈越香。

6）黄酒为原汁酒类，酒液中有少许沉淀属正常现象，并非质量问题。

（4）黄酒的主要品种

1）绍兴酒。绍兴酒是我国最古老的黄酒品种，因产于浙江绍兴而得名。由于贮存久而更芳香质佳，故又名"老酒"；取古越鉴湖之水酿制，别号"鉴湖名酒"。绍兴酒早在清朝就已被评为全国十大名酒产品之一。1910年南洋劝业会，1915年巴拿马万国博览会，1925年西湖博览会上均获得金奖。在历届名酒评比中，绍兴酒一直处于名酒之列，"古越龙山牌"加饭酒被列为国宴用酒，更使绍兴酒声誉斐然。

绍兴酒色泽橙黄清亮，滋味醇厚甘鲜，气味馥郁芬芳，是中国酒中的佼佼者。据科学分析，绍兴酒含有各种氨基酸达21种，尤其是助长人体发育的赖氨酸含量每升高达1.25毫克，总含量比啤酒、葡萄酒等要高一倍甚至几倍，以葡萄糖为主的各种糖类有八九种，以琥珀酸为主的有机酸九种或十种，还有维生素等。绍兴酒酒精含量在15%～20%之间，刺激性小，适量常饮有促进食欲，舒筋活络，生津补血，解除疲劳之功效；作为烹饪调味，能除腥增香而使味道鲜美；用于制药，能使药性溶于酒内增加疗效，补身养颜。

酿造绍兴酒的糯米为硬糯，米色洁白，颗粒饱满，气味良好，不含杂米粒。酿酒采用的鉴湖之水来自群山深谷，经过了砂面岩土的净化作用，并含有一定量适于酿造微生物繁殖的矿物质，从而使酿造出的黄酒鲜甜醇厚。酒药为糖化发酵菌制剂，并配有多种药料，对酿酒的风味有明显的影响。酿造绍兴酒的糖化剂是麦曲，用曲量高达原料糯米的15.5%。

生产绍兴酒先要用淋饭法生产淋饭酒。淋饭法是以冰水淋凉米饭，经过糖化、发酵而制成。淋饭酒又称为"母酒"或"酒酿"。淋饭酒的生产流程为：

糯米→过筛→浸米（用鉴湖水）→蒸煮→
淋水→落缸→糖化、发酵→淋饭酒

摊饭酒是绍兴酒的成品酒，是以摊凉米饭的方法生产而得名，它的品种很多，其中以元红酒产量最大，销售最广。其生产过程是：将精白糯米用鉴湖水浸泡16~20天，取出米浆，将米蒸成饭，摊在竹罩上冷却，然后配加定量的鉴湖水、浆水、麦曲和酒母落缸，进行糖化、发酵，经过约60天以上成酒，再经过压榨、澄清、杀菌、装坛而成。

为保证绍兴酒的质量，装坛前必须进行80~92℃的高温蒸汽杀菌处理，装酒的酒坛用荷叶、竹壳、黏土严密封口。由于生产绍兴酒时原料的配备比例不同，因此绍兴酒拥有多种风格和特色的黄酒品种，主要有以下品种：

①元红酒。俗称状元红酒，酒液呈琥珀色或橙黄而透明，其香气是绍兴酒中特有的酪香，口味甘润鲜美而爽口，酒精度为15°，含糖量为0.2%~0.5%，无辛辣酸涩等异味。

②加饭酒。加饭酒是加料的摊饭酒，即在酿造时用糯米（饭）的数量较多，一般加入糯米的数量比元红酒多10%以上，因而取名加饭酒。加饭酒的酿造发酵期长达80~90天，酒质优美，风味独特，酒精度为16.5°左右，含糖量为1%，适于久贮，是绍兴酒中的上品。

③善酿酒。善酿酒用已贮存1~3年的陈元红酒代水落缸酿成，这种酒香气浓郁，酒质醇厚，鲜甜味突出，酒精度为14°，含糖量为8%左右，是绍兴酒中的佳品。

除上述几种名品以外，绍兴酒中还有花雕酒、鲜酿酒、香雪酒、竹叶青和各种花色酒品。

2）无锡老廒黄酒。无锡老廒黄酒以糯米为原料，用摊饭法酿造，制造过程与绍兴酒不同，采用分批培育酵母和发酵。由于所用的浆水要经过充分煎熬杀菌后投入生产，故称为"老廒黄酒"，成品酒通常要贮存1~3年，酒液橙黄而透明，酒精度在15°以上。

3）福州红曲黄酒。福州红曲黄酒是用红曲酿造的黄酒，在东南沿海地区十分著名，它使用的糯米要求严格，米粒不得混有青、红、黑等杂色，所用红曲呈红褐色，有特殊香气。著名的福建红曲黄酒呈褐黄色，酒香浓郁，口味醇和，甜味适当，余味绵长，是一种半干型黄酒，酒度为14.5°~17°，含糖量为4.5%~7%。红曲酒呈黄褐色，清亮透明，具有红曲酒的芳香，入口醇和，无苦涩味，酒精度在15°以上，含糖量在3%以上。

4）浙江红曲黄酒。浙江红曲黄酒与福建红曲黄酒不同，它用的酒曲主要是乌衣红曲和黄衣红曲。乌衣红曲呈黑褐色，出酒率高于黄衣红曲，但黄衣红曲成品酒风味较好，在酿酒时有时单独使用，有时混合使用。乌衣、黄衣红曲的成酒酒度较高，是温州地区有名的高级白酒。

5）山东即墨黄酒。山东即墨黄酒又称即墨老酒，是北方黍米黄酒的典型代表，采用崂山泉水为酿造水，水质优异，酒质良好，在北方产销量最大。相传即墨老酒在1074年以前就奠定了酿造基础，"古遗六法"的传统操作方法为其工艺基础。主要生产原料是黍米，又称黏黄米、糯小米，所用麦曲的糖化菌为黑曲霉和黄曲霉。即墨老酒酒液清亮透明，呈黑褐色，微有沉淀，久放不浑浊，酒香浓郁，具有焦糜的特殊的香气，入口醇和，干爽适口，微苦而余香不绝，回味悠长。酒精度为12°左右，含糖量为8%左右，经长期贮存后，酒味更加芳醇。此酒富含营养，与中药配合使用，可以增强中药的疗效。

即墨黄酒的另一种酒品为山东老酒，又称墨特级清酒。即墨清酒酒液金黄透明，酒质醇正爽口，具有清酒的独特清香，口味甘美，品质优异，酒精度为16°左右，含糖量为4%～5%。该酒含有多种维生素和蛋白质等营养成分，经常饮用有开胃健脾，增强血液循环，促进新陈代谢的功效。

6）其他

①吉林长春清酒。此酒是大米清酒，呈淡黄色，澄清透明，有光泽，口味清秀纯净，具有清酒独特的风味。酒精度为16°左右。

②丹阳封缸酒。此酒是风味别具一格的甜型黄酒，醇香馥郁，味道鲜甜突出，酒精度为14°，含糖量在28%以上，是丹阳黄酒中质量最佳的一种。

③沉缸酒。此酒是福建龙岩酒厂生产的一种甜型黄酒，褐红色，清凉透明，芳香馥郁，酒质醇厚，入口甘甜，无稠黏之感。糖的甘甜，酒的辛辣，酸的鲜爽，曲的苦涩同时出现，余味绵长，风味独特，酒精度为20°，含糖量为20%，酒中含有适量的氨基酸，是一种具有丰富营养价值的饮料酒。

④蜜沉沉酒。此酒是福建福安的民间特产，酒色金黄透明，略带褐色，除具有高级甜型黄酒的清醇酒香外，还有自己特有的浓郁曲香。饮用时口感醇和爽口，甘甜协调，回味清香，余味绵长，属甜型黄酒，酒

精度为 16.5°，含糖量为 25%。

⑤东江糯米酒。此酒是广东的传统产品，红褐透明，陈酒芳香，香浓味厚，酸甜比例适中，入口醇和，酒精度为 18°，含糖量为 13%～15%。

除以上介绍的黄酒品种外，还有贵州的糯米酒、江西九江的陈年封缸酒、江苏江阴的黑酒、常州兰陵的甜陈酒、无锡的二泉酒、山东兰陵美酒等享誉国内外的优良黄酒品种。

(5) 黄酒的贮存与饮用

1) 黄酒的贮存。黄酒属于原汁酒类，一般酒精含量较低，越陈越香是黄酒最显著的特点。但是如果黄酒的贮藏与保管不当，将会导致黄酒腐败变质。因此，贮藏保存黄酒既要防止变质，又要尽可能保证提高其质量。黄酒的贮存有以下几个方面的要求：

① 黄酒适宜贮存在地下酒窖。

② 黄酒最适宜的贮存条件是环境凉爽，温度变化不大，一般要求温度控制在 20℃以下，相对湿度为 60%～70%之间。但是，黄酒贮存并不是温度越低越好，如果温度低于 5℃，黄酒就会受冻、变质和有冻破坛的可能，所以黄酒不宜在露天存放，尤其是在我国北方地区。

③ 黄酒应堆放平稳，酒坛、酒箱堆放高度一般不得超过 4 层。每年夏天应倒坛 1 次，以使上下层酒坛内的酒质保持一致。

④ 黄酒不宜与其他异味物品或食品同库贮存。坛罐破碎或瓶口漏气的酒坛酒瓶必须立即出库，不宜继续放在库中贮存。

⑤ 黄酒贮存不宜经常受到振动，不能有强烈光线的照射。

⑥ 不能用金属器皿贮存黄酒。

2) 黄酒的饮用。黄酒饮用时一般要温热。温酒可以使用注碗烫酒的方法。明朝以后，人们习惯于用锡制小酒壶放在盛热水的器皿里烫酒，这种方法一直沿用至今。现在由于宾馆酒店的设施原因，加之现在黄酒大多改用玻璃瓶装，温酒的过程就相对简单多了，一般只需将酒瓶开盖后直接放入盛热水的桶内温烫即可。

第二节 蒸馏酒

一、蒸馏酒概述

蒸馏酒又称烈性酒，是指以糖质或粉质为原料，经糖化、发酵、蒸馏而成的酒。

蒸馏酒是一种酒精含量较高的饮料，是从含酒精的液体里蒸馏出来的，与原来的液体中酒精含量多少无关。用蒸馏可得到酒，其原理很简单，因为酒精变成气体比水变成气体所需的温度要低。

蒸馏术据说是古埃及人和波斯人最早发明的。但在公元前，中国人就已经知道从大米中得到酒的方法。

目前我们所使用的蒸馏技术，据说是由阿拉伯人传来的，现在英语系的国家称酒或酒精为 Alcohol 或 Alembic，就是阿拉伯语"蒸馏"的意思。蒸馏酒精是中世纪早期由阿拉伯人发明的，酒精、蒸馏器和炼金技术等名词都出自阿拉伯语，如果说葡萄原于解渴的需求，而烈酒则是基于愉悦人的需求。酒精蒸馏出现时，由于阿拉伯国家信奉伊斯兰教，不准饮酒、酿酒，蒸馏术便逐渐传到欧洲，并得以广为流传和使用于蒸馏烈性酒。13世纪时法国著名炼金术士阿诺德·维拉努瓦（Arnad de Villeneuve）在他的著作《长生不老论》中提到"葡萄酒蒸馏液"时说："有人称它们为'生命之水'，这个名称很贴切，因为它能延长人的寿命。"对于他来说酒精正是寻觅已久的灵丹妙药，也是长生不老药，以及炼金术士的古老梦想。正是由于当时对酒精有此种看法，水果蒸馏酒（eau-de-vie）起初被人认为是极其神奇的物质，并用在医疗上。到了19世纪初期，M·Adam发明了一种蒸馏器，可以将酒精中不好的味道完全去除。

虽然现代科学取得了惊人的发展，但蒸馏器仍旧和原来的差不多，只是做了一些改良而已。现在我们通常使用的蒸馏器是一个大铜锅盖形，上面有条细长铜管，收集蒸汽的是螺旋形的铜桶，用铜管与蒸馏器连接，中间用冷水加以冷却，蒸汽经过连接管时就会冷却成液体，也就是液体酒精了。像白兰地、威士忌、朗姆酒等，都是用这种蒸馏器制造的。

刚蒸馏出来的酒精，是无色而辛辣的。蒸馏后的酒精若被放入橡木桶中进行陈化，酒精中的有机物质会发生变化，使酒精变得更成熟与芳醇。同时因有氧气可以渗入，通过氧化作用可以促使酒中的酯类物质和酸发生一些变化，并且逐步地成熟。

蒸馏前原酒的酒精强度对蒸馏后产品的酒精度影响不大，因为在蒸馏过程中，对酒精度的需求是可以控制的，也可将所有的酒精都蒸馏出来，同时蒸馏原汁中的味素物质将会使蒸馏产品产生不同的味道。如梨味白兰地，就具有明显的梨子香味。

蒸馏取酒这一过程是通过加热，使酒精和葡萄酒或其他含酒精的液体分开，酒精的沸点比水的沸点低，蒸馏过程就是利用了这一温差完成的。

在正常大气压条件下，水的沸点100℃，酒精的沸点是78.3℃，当酒水混合物加热至两种温度之间时，酒精便转变成蒸汽，将这种蒸汽收入管道并进行冷却凝固，就会与原液体分开。如果这些蒸馏原汁是葡萄酒或经过发酵的谷物浆，蒸馏出来的便是白兰地、威士忌等烈性酒，蔗糖浆蒸馏出朗姆酒，土豆浆蒸馏出伏特加，苹果生产出苹果白兰地，这些不同的原汁挥发温度，主要取决于其酒精的含量。

蒸馏液体的设备称为蒸馏器，其最简单形式是蒸馏罐，一个罐子，盛装待加热的液汁；一个吸管，或叫蒸馏器，蒸汽由管中经过；凝结器，蒸汽在此冷却变成液体。蒸馏罐用火直接加热，或用蒸汽加热，如要取得较纯清的蒸馏液，这种蒸馏过程必须进行2～3次，直到取得理想的纯度和强度的酒精为止。使用蒸馏罐蒸馏的优点是能保持较好的酒味，但比较麻烦。第一次蒸馏时，可以取得含酒精25％的酒液，第二次蒸馏，酒头、酒尾都去掉即去头掐尾，只保留酒心部分，酒度在68°～70°之间。

古代的蒸馏罐蒸馏法现在仍在法国干邑和苏格兰、爱尔兰一些地区使用。但如今大多数烈性酒都采用连续蒸馏法蒸馏而成。连续蒸馏法是于1830年由一位名叫考菲的人发明的，故又称为"考菲蒸馏法"。主要用具包括两个柱馏器，即长长的直线形精馏器和分析器，其工作原理是将预先加热的酒液从顶部喷入一个圆柱形的管道分析器里，在下降时，酒液与由柱馏器底部管道输入的水蒸气相遇，接触过程中水蒸气的高温使酒液中的酒精开始蒸发，通过分析器进入另一个蒸馏器，剩下的酒液从分析器底部流出。气体酒精在蒸馏器中与输送蒸馏原汁的冷管道相遇并冷却，管中原汁也同时预热。冷却凝固的蒸馏酒酒头部分被送回蒸馏器再次蒸馏，酒心部分较为纯正，被提出装入蒸馏酒收集器里，但这些酒液酒体较轻，并大量缺乏酯类、酸类和乙醛等物质，因而不像罐馏产品那样具有较好的酒香气味。

无论是罐式蒸馏还是连续蒸馏法生产烈性酒都是依照通过加热提取酒精的原理来进行的，除这种方法外，也还可以用冷冻的方法从含酒精的液体中提取酒精，从而生产出含酒精度较高的烈性酒。其原理为：水的冰点是0℃，而酒精的冰点是－114℃，将含酒精的液体进行冷冻，其中的水会先结成冰块，取出冰块，剩下的便是高浓度的酒精。然而，这种方法看似简单，但实际生产成本较高，因而，生产厂家基本不采用此法生产烈性酒。

二、蒸馏酒的分类

用于蒸馏烈性酒的原料很多，因而生产出的蒸馏酒品也各不相同，根据生产原料的不同，蒸馏酒可分为果类、谷物类、植物类、其他类四大酒类。果类蒸馏酒主要是以葡萄酒为原料，主要产品来自欧洲一些生产葡萄酒的大国，如法国、意大利、德国等国家，白兰地是其中著名的产品。谷物类蒸馏酒的基酒来源广泛，品种也较多。从世界酒品的生产与消费趋势看，目前世界上著名的谷物类蒸馏酒除中国的白酒以外，还有威士忌、金酒、伏特加；植物类蒸馏酒有朗姆酒和特基拉酒。此外，还有其他类的蒸馏酒，如阿瓜维特酒、科伦酒、俄克莱豪酒等。

三、果类蒸馏酒

1. 白兰地的起源

白兰地是葡萄果汁经发酵后蒸馏而成的烈性酒，该名源自荷兰语"Branedwijn"，英语称为"Brandy"。通常白兰地是专指用葡萄酒蒸馏而成的酒，而用其他果汁原材料蒸馏而成的烈性酒则被称为"Aqua Vitae"，即"生命之水"。白兰地起源于何时，至今仍争论不休，据说在11世纪时，就有意大利人用蒸馏葡萄酒取得的酒精来作药用。到13世纪，西班牙炼丹士把葡萄酒蒸馏成了"生命之水"，由此而诞生了白兰地，并通过文艺复兴时期的推广，使白兰地的生产方法在意大利和法国等葡萄酒产地流传开来。根据记载，法国雅文邑（Armagnac）地区在1411年就开始蒸馏白兰地酒，到了16世纪，法国各地都开始了白兰地的生产。

以葡萄酒为基酒蒸馏而成的白兰地酒，出产于几乎所有的葡萄酒生产国，如法国、意大利、希腊、德国、西班牙、澳大利亚、美国等国家。白兰地的生产方法是把原料发酵，蒸馏成无色透明的酒，然后用橡木桶盛装。这样，橡木独特的气味在陈酿过程中渗透到酒中，使白兰地更加芳香，这些酒桶根据地区、种植园贴上标签，注明日期进行贮存陈酿，并不断检查。在陈酿过程中，白兰地被木桶的木质吸收，同时，通过木桶的细孔吸收氧气，这对酒的质量很有益，然而毫无疑问也有所损失。事实上，白兰地陈酿是允许每年有5%的纯酒精损耗的，通常平均损耗是2%~3%。这就是为什么要非常仔细地照料白兰地酒的原因。

在陈酿中，由于酒液与木桶的接触，把原来无色透明的酒液酿成了琥珀色，同时也酿出了迷人的香味。白兰地是一种调配产品，调配也是生产中极为重要的过程,将不同地区同酒龄的白兰地调配到一起,生产出商品化的白兰地,用以调配的各种白兰地以其自身的特色相互影响,相得益彰,使勾兑出的白兰地更加丰富、有价值。

2. 白兰地的产地

(1) 法国白兰地。世界很多国家都出产白兰地,但以法国白兰地为最好。法国是世界最著名的白兰地产地,无论是质量还是数量都居世界领先地位,而在法国所有的白兰地产地中,以干邑(Cognac)和雅文邑(Armagnac)白兰地最负盛名,并且在产品上冠上了两地的地名。因此,法国人基本上不用白兰地来称这两种酒,而是直接称为"干邑"和"雅文邑",同时"干邑"和"雅文邑"也代表了世界高品质的白兰地酒,而这其中又以干邑(Cognac)白兰地最为驰名。

1) 干邑(Cognac)白兰地。干邑白兰地也称康涅克白兰地。

①干邑白兰地的由来。干邑位于法国波尔多东南的夏朗德省内。该地区早期只生产口味平淡的白葡萄酒,主要通过海运出口到荷兰等地。但是因整箱的葡萄酒占用空间很大,因此据说有一位聪明的荷兰船长想出了一个妙法,就是把葡萄酒的水分去掉,浓缩成为酒精,运往荷兰,到荷兰后再加上水。这样既不占空间,遇到战争时损失也不会太大。当这位聪明的船长到了荷兰后,他的朋友们品尝到了这种浓缩葡萄酒后,觉得味道非常甜美,加了水后反而不好,所以他就决定把酒原样卖出去,结果很受大家的欢迎。从此,干邑白兰地诞生了,夏朗德省也开始了葡萄酒的蒸馏。在荷兰,这种蒸馏酒品也广泛受到欢迎,消费量不断增长,并且逐渐风靡欧洲大陆。

②干邑白兰地的产地。按照法国政府1928年的法律规定,干邑地区白兰地分六个产区,即:大香槟区(Grand Champagne)、小香槟区(Petite Champagne)、边林区(Borderies)、优质林区(Fins Bois)、良质林区(Bons bois)、普通林区(Bois Ordinaires),这6个地区葡萄种植园的土壤皆为白垩土质,在这种土质上生长的葡萄十分适合生产干邑白兰地酒,且土壤中白垩土含量越高,生产出的干邑质量也就越好。用于生产干邑的葡萄品种有福勒布朗奇(Folle Blanche)、白维尼(Ugni Blanc)和可伦巴(Colombard),它们都是白葡萄,完全发酵后能产生8%~12%的酒精。采用传统的夏朗德方法在夏朗德蒸馏器(Pot Still)中进行两次连续蒸馏,在蒸馏过程中采取"去头掐尾"法,只留取酒心部分,此时的酒精含量为69°~72°,然后被送去陈酿,干邑是用利摩赞(Limousin)出产的橡木精制而成并使用橡木桶进行陈酿的。经验证明,

利摩赞橡木是陈酿干邑的最好材料,因为它能把自身的品质转到陈酿产品中去,这也是干邑优于其他白兰地的原因之一。

③干邑白兰地的等级。一般用于出口的干邑酒至少要陈酿 3 年以上才能勾兑装瓶上市。干邑酒的勾兑由专门的勾兑师来完成,这些勾兑师都经过专业训练,具有很高的勾兑技巧,他们不吸烟,不喝酒,以保持鼻腔和感觉器官的高度灵敏。勾兑师根据每桶酒的成熟情况和成品需要,可以勾兑出各种品质的干邑酒。目前优质干邑质量分以下几个等级:

a. V. O. (Very Old)。一般陈酿 3 年左右。

b. V. S. O. P. (Very Superior Old Pale)。这种酒所使用的调配酒最低酒龄要达到 4 年半以上。

c. "X. O." "EXTRA" "Napoleon" 和 "Reserve"。含有很老的酒,所使用的调配酒最低也要达到 6 年以上,其酒龄长的可达 50 年或更长。

有些生产厂家把生产出的白兰地用星级来划分等级,从一星开始,最高五星,每星表示陈酿 10 个月。此外,还有些厂家用 "拿破仑" (Napoleon) 表示质量。一般拿破仑白兰地都是指陈酿 5 年以上的优质酒品,而不是指从拿破仑时代留下来的白兰地。

④干邑白兰地的著名生产公司

a. 马爹利 (Martell)。该公司创建于 1715 年,至今已有 280 多年的历史,它的创立正好是干邑酿酒业的兴起阶段,因此,自创立以来,其产品一直处于该地区领先地位,其产品至今畅销世界各地。马爹利公司创始人是出生在英吉利海峡小岛的尚·马爹利,他热衷于栽培、训练酿酒师,他自己也进行酒类调配工作,使得制造出来的白兰地,具有"稀世罕见之美酒"的崇高荣誉。该公司一直都是由马爹利家族世代经营,属名门企业。该公司拥有 33 家蒸馏厂和 22 家协约蒸馏厂,拥有葡萄园 12 座。马爹利公司产品的调配制造,都要由世家的酿酒师带领进行。马爹利白兰地的特点是口感圆润、香气淡雅,饮后口中葡萄香味绵延长留。蓝带马爹利 (Cordon Bleu) 是具有高雅浓度的华丽白兰地,是酿酒师们从酒库中各式各样的橡木桶中精心挑选出的色香味俱全的原酒调配制成的。口感圆润,并且散发出香浓复杂的气息。拿破仑马爹利是其风格的极品。超级马爹利 (Extra) 是已有 60 年酒龄的高级品,倒入杯中涌出的气息可谓是芳醇绝佳的妙品,一年的生产量只有 1 400 瓶。

b. 轩尼诗 (Hennessy)。该公司是由爱尔兰人理察·轩尼诗

(Richard Hennessg)于1765年创立。一个世纪后,是制造白兰地热潮时期,轩尼诗公司率先使用标志产品级及品质的星号。该公司白兰地的特点是把白兰地装入新制的利摩赞橡木桶中,充分吸收新桶的木味后,再装入旧桶中陈酿,使产品具有独特的风格。酒标上印着手持斧子的手臂图案是公司创立者的家徽,轩尼诗是产品品质稳定的象征,V.S.O.P.含有很强的酒桶香味,具有圆润可口的风味,是相当受欢迎的产品。

c. 人头马(Remy Martin)。该公司创立于1724年,该公司的产品都是采用来自大、小香槟区的优质葡萄作为原料加以调配酿制完成的。该公司的白兰地是用7年以上的原酒调配而成,而且装在白色橡木桶内,贮存近1年,等产生香味后,再每年调配一次,仍然放入旧木桶中,等到第5年再装入瓶中,这就是人头马V.S.O.P.。由于灵活运用了木桶所带来的影响,该公司生产的V.S.O.P.产品最多。拿破仑人头马都是精品,且具有高贵气派。值得一提的是该公司的"路易十三"是用20年以上的原酒调配而成,酒瓶是用巴卡拉公司模仿皇家御用的酒器制成,因其华丽颇受收藏者青睐。该公司的标志是希腊神话里的半人半兽神——仙特。

d. 库瓦西埃(Courvoisier)。库瓦西埃又称拿破仑,该公司与轩尼诗、马爹利并称干邑三大白兰地生产企业,其特色介于马爹利与人头马之间。公司创立于1790年,由于创始人曾经为拿破仑献上自己的白兰地,而成为拿破仑所指定的白兰地制造商,故该公司产品皆以拿破仑立像为象征。三星库瓦西埃是该公司的主要产品,略带甜味,占总产量的80%。V.S.O.P.是豪华型产品,拿破仑级和特级库瓦西埃是浓度稳定的限定品,超级(Extra)库瓦西埃是贮存20年以上的高级品,以其高雅的风味著称。

e. 金花(Camus)。该公司创立于1863年。"金花"白兰地最初使用的商标是"LAGRAND MARK"(伟大的商标),直到1934年,该公司创始人之孙——米歇尔·卡谬接任董事长后,将所有的产品改为"卡谬"商标。卡谬公司所产的白兰地,主要是以自家果园栽培的塞米雍品种葡萄所酿成的原酒为核心,加以调配而成。整体上,金花白兰地具有厚重略带一点辛辣的口味。此外,干邑地区以南的白兰地酒品还有:奥吉(Augier)、百事吉(Bisquit)、德拉曼(Delamaln)、豪达(Otard)、夏尔旁多龙(Charpentron)、拉森(Larsen)、高帝(Gautier)等。

⑤干邑白兰地的饮用。干邑使用白兰地杯饮用,以保持酒的香味。用手掌托杯,温热杯身,使酒香充分发挥出来。还有人喜欢将白兰地用

火点燃加热后,热饮白兰地,但这种饮法要注意不能太烫,以免烫伤饮酒者嘴唇。干邑不可加冰块饮用,冰块不利于酒香的扩展。

2) 雅文邑(Armagnac)

①雅文邑白兰地简介。干邑白兰地是世界公认的最佳白兰地,而具有"加斯科涅液体黄金"美誉的雅文邑白兰地的生产却整整比干邑早了两个世纪。雅文邑当然不能直接与干邑相比,但它们都是世界优秀的白兰地酒品,品质各异,风格独特。雅文邑位于加斯科涅(Gascony)波尔多地区以南的100多千米处。只有那些严格控制的地区生产的葡萄酒蒸馏成的白兰地才能用雅文邑这一名称。这些葡萄酒可以从指定的葡萄园取得,而蒸馏工作则必须在严格规定的条件下进行。雅文邑的生产基本上与干邑的生产相同,只是在蒸馏程序上不同,是采用间歇式蒸馏,蒸馏出的雅文邑如水一样清澈,酒精含量较高,并含有挥发性物质,这些物质构成了雅文邑白兰地的特别口味。另外,雅文邑和干邑的不同之处是,干邑使用的是利摩赞橡木,而雅文邑白兰地使用的是黑橡木。有人喜欢雅文邑而不喜欢干邑,因为前者比后者味道浓烈。这当然是个人喜好不同而已。对于雅文邑来说,选用当地出产的橡木来制作木桶最能使新酒柔和芳醇。陈酿期间,雅文邑酒桶堆放在阴冷黑暗的酒窖中,窖主则根据市场销售的需要勾兑出各种等级的酒品,一般上市的雅文邑酒精含量降到40%左右。根据法国法律规定,雅文邑至少陈酿2年以上才可以冠以"V.O."和"V.S.O.P."的等级标志,而"拿破仑"则表示陈酿6年。

②雅文邑白兰地产区。雅文邑白兰地有三大产区,即下雅文邑(Bas Armagnac)、上雅文邑(Haut Armagnac)和泰纳雷泽(Tenareze)。雅文邑地区采用的主要葡萄品种有福勒布朗奇(Folle Blanche)、塞米雍(Semillon)和可伦巴(Colombard)等。雅文邑大多呈琥珀色,色泽深暗,酒香浓郁,回味悠长,特别是挂杯时间较长,有时杯中的香气长达一个星期不散。其显著特点是风格稳健沉着。

③雅文邑白兰地著名的品牌

a. 夏博特(Chabot)。夏博特是雅文邑销量最好的白兰地,它从16世纪就由夏博特家族开始生产,至今经久不衰,产品畅销世界各地。

b. 拿破仑夏博特。该酒是具有圆润芳醇风味的高级品,超级夏博特(Extra Specialt)比拿破仑更为成熟,是夏博特雅文邑颇具风格的最高级品。它是以存放于木桶中数十年的陈年老酒所制成的。其无与伦比的甘醇芬芳,不愧为白兰地酒类中的特级品。

此外，还有丹布拉特（Damblat）、德娄（De Lord）、珍露（Janneau）、卡斯特浓（Castagnon）、欧·巴隆（Haut-Baron）、索法尔（Sauval）、桑卜（Semp）等著名品牌。

法国白兰地当数干邑和雅文邑最著名，法国除这两地以外的其他地区也能生产出优秀的白兰地酒，它们被称为"法国白兰地"。这些白兰地生产后，一般不需经过长时间的成熟，只需贮存很短时间即装瓶上市销售。

3）玛克（Marc）。除了前面介绍过的白兰地之外，在法国，还有利用国内有名的葡萄酒产地的剩余葡萄酒蒸馏而成的白兰地。这是在1941年1月13日实施的法规（Appellation Reglementee，简称A. R.法）中所指定的12个产地的红葡萄蒸馏酒（Eau-de-vie de-vin）。其中，对于质量优秀的白兰地，可以使用Fine（意是精制的）一词。其代表有精制勃艮第、精制马恩等。

另外，根据《A. R.法》，利用著名葡萄酒产地的葡萄残渣制造的白兰地（即所说的渣粕白兰地），也有13个产地取得了承认，被称为葡萄榨渣蒸馏酒（Eau-de-vie Mare）。玛克是指在葡萄酒产地，用经过压榨的葡萄残渣制造的白兰地，它必须用较高酒精含量的酒来蒸馏，然后贮存在橡木桶中等待成熟。玛克的主要产地是法国的一些著名的葡萄酒产地，如勃艮第、普罗旺斯、香槟等，著名的品种有法国的勃艮第玛克（Marc de Bourgogne）、法兰西·孔台玛克（Marc Franche-Comt'e）、香槟老玛克（Vieux Marc de Champagne）等，还有瑞士的纳夏苔尔（Neuchatel）和瓦利（Valis）等。玛克酒色透明，果香明显，它富有麦杆和木料的味道，常被品酒家所欣赏。

（2）其他国家白兰地产地。除法国外，世界上还有很多国家和地区生产白兰地，如中国、西班牙、意大利、德国、葡萄牙、奥地利、希腊、土耳其、俄罗斯、南非、澳大利亚、智利、阿根廷、巴西、美国、加拿大等。

1）德国。德国的葡萄酒，由于其需求量大于生产量，所以白兰地的制造厂家从意大利、法国、西班牙等欧盟各国进口原料葡萄酒，进行蒸馏。原料葡萄酒被称为Vin viner（意是加入酒精的葡萄酒），也就是进口前在原出厂地已添加了白兰地的葡萄酒。蒸馏是采用单式蒸馏法和连续蒸馏法两种方法，熟成最低为6个月，熟成1年以上的酒可用Uralt（陈酒）标示。

作为德国白兰地代表的阿斯巴哈公司的创始人弗格·阿斯巴哈

(Hugo Asbach),于 1905 年用拜恩勃兰特(Weinbrand)这一商标注册了德国最早的白兰地。而这却成了 1971 年以后所有德国白兰地的正式名称。此外,阿塔歇(Attache)、尚德雷(Chantre)、杜雅旦(Dujardin)、雅可比(Jacobi)等也都是德国白兰地品牌。

2)意大利。意大利的白兰地大致可分为两种类型。其一,是将国内各地制造的葡萄酒用单式蒸馏和连续蒸馏并用的方法进行蒸馏,然后,用利穆桑橡木桶或东欧产橡木桶进行 3 年以上熟成。其味感犹如将德国白兰地的轻柔和西班牙白兰地的芳醇糅合在一起,并具有淡淡的甜味。其二,是用一种叫做格拉帕(Grappa)的葡萄酒用葡萄皮渣制成的白兰地。但是格拉帕不用木桶熟成,往往是在无色透明的状态下上市销售。

据说格拉帕这一名称来源于很久以前威尼斯北部的一个名叫巴萨诺·德尔·格拉巴的小村落,该村就是这种渣粕白兰地的特产地。

由于这种酒酒精浓度高,且具有强烈的刺激性味道,因此流传着要"喝格拉帕酒一定要 3 人同去"的谚语。

意大利白兰地品牌还有:布顿(Buton)、德里奥利(Drioli)、贝卡罗(Beccaro)等。

3)西班牙。西班牙的白兰地制造主要是由雪利酒制造厂家来进行的。原料几乎都是使用拉曼查地区的艾林(Airen)或帕罗米诺(Palomino)葡萄制造的葡萄酒。其他则是使用加泰罗尼亚(Cataluna)地区的帕莱利达(Parellade)或廷布布拉尼辽(Temperanillo)葡萄制造的葡萄酒。一般是使用连续蒸馏机,高级品有时也使用单式蒸馏机。熟成多数是使用雪利酒桶,也有一部分使用西班牙橡桶或利穆桑橡木桶。

典型的西班牙白兰地的特征是色泽较浓、口味芳醇、口感柔和。此外,在西班牙还有被称为阿古阿尔蒂恩特(Aguardiente)的渣粕白兰地。除了直接饮用外,还可以放入煮过的咖啡豆或者柠檬片来饮用。其他西班牙白兰地品牌还有:芬达岛(Fundador)、奥斯伯尔尼(Osborne)、托来斯(Torres)等。

4)美国。美国的白兰地几乎都是在加利福尼亚制造的。加利福尼亚白兰地的主产地是圣华金瓦莱(Sall Joaquin Valley),在绵延 320 千米的狭长带,被称为"白兰地地带区"。

按照加利福尼亚有关白兰地的法律规定,美国白兰地的制造只能使用加利福尼亚栽培的葡萄。但是,对葡萄的品种没有限制。主要的葡萄品种是汤姆森·西德莱斯(Thompson seedless)以及弗拉姆·托卡

(Flame Tokay)。蒸馏时主要是使用连续式蒸馏机，但最近同单式蒸馏机（干邑式）蒸馏的酒相混合，或者100%为单式蒸馏机蒸馏的酒也在增多。贮藏是使用美国产白橡木桶或波旁酒的旧桶，也有一部分法国产的利穆桑橡木桶和特伦赛橡木桶。法律规定最低要贮藏2年以上，产品的酒精含量必须在40%以上。

加利福尼亚白兰地的特征是酒质轻柔，口感滑润，有种清淡的水果甜味。

（3）水果白兰地。白兰地不但可以用葡萄制成，其他水果如苹果、梨、桃子、草莓、杏、李子、野草莓和樱桃等都可以制造白兰地酒，且风格独特。就拿苹果白兰地（Calvados）来说，只有法国诺曼底地区生产的苹果白兰地才能称为"Calvados"，其他地方的就不能用此称呼。在美国，苹果白兰地只能称为"Apple Jack"，加拿大称为"Pomal"，德国称为"Apfel Schnapps"。

1）口味多苹果白兰地。口味多（Calvados）苹果酒的起源较难断定，传说它的名字来自西班牙无敌舰队遗弃在诺曼底海岸上的一条触礁船。有关酿造蒸馏苹果酒最早的正式记载则是一本保存下来的日记，日记的主人是古柏城（Gouberville）的贵族寇坦丁先生（Cokentin），日期为1553年3月28日。寇坦丁先生也许就是酿造苹果酒的先驱。在很长一段时间里，苹果酒都是在民间分散生产。1600年，苹果白兰地酿造商会宣告成立，苹果白兰地终于获得了它的"出生证"。不过，法国政府为保护葡萄白兰地市场，在法国大革命之前，诺曼底苹果白兰地仅在产地销售。直到1792年，随着自由贸易的开放，口味多苹果白兰地才得以进入法国首都巴黎市场，并且一发而不可收，很快风靡全法国。1942年，口味多苹果白兰地获得AOC产地保护权（对出产地和酿造方法加以保护和限制）。

到了诺曼底你会发现有两种不同的苹果园，一种是已经经营和种植相当长的苹果种植园，园中一群群的牛悠然自得地吃草；另一种则为低矮的专业果园，完全用于生产苹果，园内不允许放牧，草坪则由机器修剪，定期修整草地是为了苹果落地时起铺垫作用。

诺曼底的果园在世界上具有独特的地位，它所出产的品种为"Cider"酿酒苹果，果实个头较小，但含有极为丰富的单酸，味道与一般食用苹果截然不同，不适于日常食用。通常一个苹果园中种植的苹果从味道上可分为：甜、苦、苦中带甜和酸四个品种，这是由于要酿造均匀爽口的口味多苹果白兰地，只用一种苹果是不够的，必须把不同品种的苹果调在一起。其调配比例多为：40%的甜苹果，40%的苦苹果和20%的酸苹果，有时也加入酿制梨酒用的梨，以增加苹果酒的酸度。例如在 Domfront 地区出产的口味多酒就是个典型例子，在那里蒸馏苹果酒时加入较多的梨。因当地有许多梨园，其中不少已有几个世纪了。梨树和苹果树朝夕相伴，日复一日，年复一年。用酿酒师的话说，这是不愿让这对恋人分开。蒸馏一般被安排在春、秋季进行，并且完全按照酒庄传统的秘方酿制。

①口味多酒的 AOC 产区。主要有 AOC pay d'Auge 和 AOC calvados。AOC pay d'Auge 所生产口味多酒，按照 AOC 法规定，必须采用商标专有权产地 Pay d'Auge 生产的苹果。AOC pay d'Auge 酒是当地传统的夏朗德蒸馏器（Charentais），经第二次蒸馏提炼出来的。第一次蒸馏，从苹果汁中获得酒精含量为 28%~30%的"初馏液"，并且在获取"初馏液"后进行再次蒸馏提纯，而且再度进行"掐头去尾"的工作。依据 Calvados AOC 法的规定，酒的最终提取率不能超过原料的 72%。在 AOC pay d'Auge 产区，80%的酿酒苹果有苦味或苦中带甜。这构成了 AOC pay d'Auge 口味多酒的特色。

AOC calvados 的产地较 AOC pay d'Auge 产地广阔许多，它主要位于 Bessin、Domfrontais 以及 Manche 南部。它是采用柱馏器连续蒸馏而成的。柱馏器中装有八个阀门来进行"掐头去尾"的工作。

这两种蒸馏法所得到的产品是显然不同的。AOC pay d'Auge 产区酒的品质更佳一些，需要的成熟时间也更长。

离开蒸馏器的口味多酒是被放在干燥的橡木桶中陈酿的。通过酒中的单宁酸与橡木桶的接触，以及从木桶外渗透进来的空气所产生的氧化作用，使酒液获得了更浓的香气以及越来越深的琥珀色等特色。每个酒窖的主人都有自己的秘方和窖藏法。口味多酒的窖藏是没有一定之规的，一切取决酒窖主人的需要。酒窖主人的任务不只是让酒成熟，还要像炼丹士那样，精心勾兑调配来自各种不同酒园的酒，以便突出各自的特色。

②口味多酒的等级、标准和干邑（Cognac）、雅文邑（Armagnac）有许多相似之处，如"三颗星""三个苹果""三盾""三个纹章"等标志都表示该酒已在木桶中窖藏了 2 年以上。"Vieux"或"Reserve"的字样，表示该酒已有 3 年以上的窖藏时间。"V.O.""Vieille Reserve"或"V.S.O.P."表示该酒有 4 年以上的历史。"X.O.""Napleon""Hors d'Age""Age Inconnu"则是较高级的酒，表示该酒已有 6 年以

上的历史。但真正的高级好酒却是年份 Calvados，亦称纯酒，在酒瓶上印有出产年份和装瓶年份，此类 Calvados 较为稀少。另外，也有在瓶中装有一个完整苹果的，至于这只苹果是如何放进去的，至今很多人仍惊讶不已和感到费解。其实，它是在苹果树刚刚结果时就将果子套入瓶中，待成熟后再连瓶摘下，注入白兰地浸泡而成。因为这种口味多酒的生产相当复杂，价格也比较昂贵。

2）樱桃白兰地。法国的南部地区、德国的黑林山、瑞士的巴赛尔附近的莱茵河及其支流的谷地都是这种酒的著名产地，可以说均为三国接壤的地域。作为原料的樱桃，是野生的黑樱桃，虽然粒小，但糖分较多。首先，将果实压碎，然后加水放入桶中使其自然发酵。发酵后，放置几个月，然后再进行蒸馏，主要使用单式蒸馏机。定期熟成基本上都是用不含色素成分的白蜡树木桶，或者是在陶器及玻璃容器中进行。这样制造的白兰地是无色透明的，并且，具有来自樱桃的优雅香味。

在法国，这种樱桃白兰地的正式名称是 Eau-de-vie de cidre。一般被称为吉尔修（Kirsch）。但在法国标示为 kirsch 的酒是指 100% 用樱桃制造的白兰地。吉尔修·德·科梅尔斯（Kirsch de Commerce）适当地混合了中性酒精，使其香味有所增强。而吉尔修·凡特吉（Kirsch fantaisie）则是中性酒精添加量较多，并添加香料较多，以添加香料来调整其香味的樱桃白兰地。

3）桃、李子白兰地。在法国北部、德国及东欧各国均生产这种酒。法国产的这种酒有用黄李子制造的李子白兰地（Eau-de-vie de mirabelle），特别是洛林地区生产并被 A·R 法认定的洛林李子白兰地（Mirabelle de Lorraine），以及用紫罗蓝色李子制造的凯秋李子白兰地（Eau-de-vie de quetsch）等。这些酒果汁香味很浓，成品是无色透明的。

匈牙利等东欧各国产的桃子白兰地，一般被称为斯利沃贝兹（Slivovitz），或者冠以与之相类似的名称加以出售。这些酒由于是用木桶熟成，所以色泽为金黄或褐色，并使人感到有木桶的香味。

4）其他水果白兰地。用木莓（即覆盆子，英语名称为 Raspberry，法文名为 Framboise）制造的无色透明的白兰地，在法国被称为 Eau-de-vie de framboise，在德国或瑞士被称为 Himbeergeist。而用西洋梨制造的法国、美国微软公司无色透明的白兰地，被称为 Eau-de-vie de poire，而 Poire Williams 则是用优良品种 Williams 为原料制造的。

四、谷物蒸馏酒

1. 威士忌简介

(1) 威士忌的发展历史。威士忌是以麦芽或谷物为原料,将其糖化、发酵之后,再进行蒸馏,最后在桶中进行熟成而制成的酒。威士忌自身的那种琥珀色就是在桶中经过一段时间的熟成之后形成的。再进一步熟成,威士忌的口味就会更加完美,变得浓香和醇厚。但是,威士忌在诞生之初并没有经过这种桶中熟成。在很长一段时间内,在蒸馏之后还没有变色时就被人们饮用了。直到 19 世纪以后,人们才开始饮用经过桶中熟成并成为琥珀色的威士忌。威士忌的起源是始于炼金术士制造的"生命之水"。中世纪的炼金术士,在发现蒸馏酿造酒的技术时,对这种能使人焕发激情的酒味感到惊奇,随之将其称为"生命之水"(Aqua vitae)。

随着蒸馏技术传遍欧洲各地,其通用语 Aqua vitea 被译成各地的语言,其语意是指蒸馏酒。将这种技术应用于谷物制造的酿造酒,则始于威士忌。但是,威士忌的蒸馏制造是从何时开始的,或者说是从何时开始被饮用的,至今还有争议。

在历史上,12 世纪才开始出现有关威士忌的文字记录。1172 年,英王亨利二世的军队远征爱尔兰时,曾留下了这样的记述:"我们看到当地饮用一种被称为'生命之水'的烈酒(Usquebaugh)",这可以认为是威士忌的前身。

此后,在 15 世纪末苏格兰财务部的记录中,有"为制造'生命之水',将麦芽(makt)8 波尔(当时的计量单位)送给约翰·科修道士"的内容。在这里,"生命之水"(Aqya vutae)这个词的出现,也说明在苏格兰已进行酒的蒸馏了。此后,在苏格兰出现了很多有关用大麦芽制造蒸馏酒的记录,足可以揣测出当时威士忌制造的扩展景象。威士忌这一名称最早出现在 1715 年发行的《苏格兰时事集》上。1707 年,曾经是两大王国的英格兰和苏格兰统一成为大英联合王国(大不列颠王国)。与此同时,1713 年英政府决定在此之前英格兰执行的麦芽税也适用于苏格兰。由此,苏格兰低地地方的规模较大的蒸馏酒业开始混用大麦芽以外的谷物,减少麦芽的使用量来进行蒸馏。另一方面,上规模的蒸馏业者则在英格兰税吏难以直入的苏格兰高地的深山里,建造蒸馏所,进行秘密造酒活动。于是,秘密造酒时代开始了。这些人为了蒸馏作业的简便,只用大麦芽蒸馏。作为干燥大麦芽的燃料,是使用附近的泥炭,而贮藏则用葡萄酒桶。前者可以看做是谷物威士忌的前身,而后者则可以看做是麦芽威士忌的前身。

1823 年,根据新的法律,秘密造酒时期宣告结束。苏格兰高地当地的大地主、上院议员亚历科山大·哥顿提出了新税制的提案，即小规模的蒸馏所可以少缴税金进行蒸馏作业。此时，最先取得正式蒸馏作业许可的蒸馏业者是乔治·史密斯。于是，蒸馏业者纷纷公开身份，积极发展威士忌制造业。此时，正是产业革命的鼎盛时期。同时，苏格兰低地地方的大规模蒸馏业者则致力于提高蒸馏的效率。1826年，苏格兰的蒸馏业者罗伯特·斯坦因（Robert Stein）研制出连续式蒸馏机。进而于1831年，爱尔兰的坦布林地方收税官阿尼阿斯·科菲（Aeneas Coffey）完成了科菲式连续蒸馏机的研制并取得专利，此后，该机便被称为专利蒸馏机（Patent Still）。后来，这种连续蒸馏机不断改良，在低地地区的各地建起了很多谷物威士忌的蒸馏塔。

1853年，爱今巴拉的威士忌酒商安德鲁·威夏（Andrew Usher）将以往单式蒸馏机制造的具有浓郁独特风味的麦芽威士忌同连续式蒸馏机制造的柔和型谷物威士忌混合在一起，制出了新型的威士忌，即混合型威士忌。通过这种混合，使得威士忌更为柔和，更为可口，从而得到好评。但随之而来的则是谷物威士忌酒厂的乱建和恶性竞争的发生，使得一部分酒厂纷纷倒闭。因此，1877年，苏格兰低地的6家谷物威士忌酒公司合并，成立D.C.L.（Distillers Company Limited）。从此，拉开了威士忌制造大企业化的序幕。也正是此时，法国的葡萄栽培地葡蚜害虫蔓延，使葡萄绝收。于是葡萄和白兰地酒价格飞涨。此前，伦敦的上流社会人士并不饮用威士忌，而是爱饮红葡萄酒和白兰地。但由于酒价飞涨，上流社会人士也开始饮用苏格兰威士忌。在爱饮金酒的伦敦市民之中，威士忌也广泛传播起来。目睹这一形势，D.C.L.开始收购苏格兰各地的麦芽威士忌蒸馏厂，自身也着手建立新的麦芽威士忌蒸馏厂，扩大生产量，并积极向南北美洲以及与英国关系紧密的国家出口。

一般认为，美国制造谷物蒸馏酒是进入18世纪之后的事情（作为蒸馏酒，据说最初是荷兰人利用西印度群岛的糖蜜在现今的纽约地区制造出的朗姆酒。此后，从欧洲来的移民不断增加，逐渐开始制造谷物酒和威士忌了）。有文字记载，真正制造出威士忌酒，是1783年在肯塔基州波旁县由埃班·维利阿姆斯蒸馏出来的。

（2）威士忌的分类及其酿造方法。威士忌的原酒，从酿制方法上来说，可分为麦芽威士忌（Malt whisky）和谷物威士忌（Grain whisky）两种，而两者可以说是具有完全不同特点的威士忌。

1）麦芽威士忌（Malt whisky）。麦芽威士忌是只用大麦芽（发芽的大麦）为原料制造的威士忌。其制造技术是用泥炭作燃料烘干大麦芽，在干燥的过程中令其薰上一种烟味，最后，再用单式蒸馏机进行两次蒸馏。其酒的特征是具有强烈的诱人芳香和醇厚浓重的口感。由于具有丰富的个性而被称为"高声调烈性酒"。

①大麦芽。大麦芽的原料是使用二棱大麦。所谓二棱大麦是沿麦穗的轴线排有二列麦粒而得名。其特点是淀粉含量高而蛋白质含量少。制造啤酒也是使用这种大麦。要对二棱大麦的麦粒大小等进行精选，然后浸水，再从水中取出脱水并使其呼吸空气。这样反复数次，就能使充分吸收水分的大麦发芽。发芽数日后便会长根，接着麦芽长大到需要程序时，就把它移入干燥塔中。用热风干燥发芽的大麦，除去水分，这样一来，麦芽便停止发育，这就是制造威士忌的大麦芽（Malt）。

在干燥大麦芽时，用一种水性植物等碳化后形成的泥炭（Peat）做燃料，使大麦芽具有一种烟味（亦称炭香）。苏格兰产的泥炭质量优越，每年春季4～5月份采掘出来，将其交叉竖立通风干燥后，作为燃料使用。

②发酵。麦芽要经过粉碎，并加入60～68℃的温水。这样一来，溶于温水的淀粉通过麦芽中生成的糖化酶而分解成糖，从而得到具有12％～13％糖度的甜性麦浆，这种工艺被称为糖化。将这种麦浆过滤，加入酵母发酵（25～35℃，3天左右）后，就变成了一种酒精含量在6％～7％的发酵液。此时，酵母的种类、发酵的条件（不锈钢槽或是木桶发酵槽等）对威士忌的香味成分（高级酒类、酯类、脂肪酸类）的生产会有很大的影响，因此需要十分注意。

③蒸馏。发酵后的液体要用铜制的单式蒸馏机进行两次蒸馏。蒸馏机之所以用铜制造，是因为铜的成分可以使不良味道的源泉——硫化合物等变成可挥发性的物质，同时，还可以将蒸馏液的香味变得柔和。单式蒸馏机由于其结构是单级式的，所以可以得到香气成分丰富的浓香蒸馏酒。并且蒸馏锅的形状、容量、加热方式（如果是直火蒸馏，火焰直接接触锅底，发酵液的一部分因受到高热烘烤而形成香味浓重的威士忌。与此相对比，如果采用间接加热，则是由加热到120～130℃的蒸汽接触锅底，蒸馏会稳步进行）等因素会使蒸馏液的性质产生微妙的变化。所以，各蒸馏所均采用独特的单式蒸馏机。单式蒸馏机的原理是将发酵后的液体加热，收集易于蒸发的成分。也就是利用各自沸点的不同而将发酵后的液体中所有的酒精，以及各种香味成分和水分分别提取出来。

蒸馏一般分两次进行。通过第一次蒸馏（亦称初馏），将酒精含量为7％的发酵液变成酒精含量为20％的、被称为低度酒的初馏液提取出来。这种初馏液的酒精成分较少，且杂味成分较多，还不能算是威士忌。所以，要再一次进行蒸馏（这被称为再馏）。通过再馏，除去最初蒸馏出来的部分（前馏）和最后蒸馏的部分（后馏）后，所剩的中间部分的蒸馏液（中馏）被称为"新锅液"（New pot）。这就是透明的，具有各种强烈味道的，酒精度数为63°～70°的麦芽原酒。而前馏和后馏的蒸馏液则又返回再馏锅。

④熟成。"新锅液"要装入白橡木的桶中，进行长时间的熟成。由装入桶中之前的无色透明、味道粗劣的"新锅液"，开始向黄褐色，香味丰富的威士忌转化。

熟成所用的木桶材料最好是白橡木，而美国东部生产的橡木最适合于威士忌的熟成。木桶材料要经过两年左右的自然干燥，然后，用经过严格挑选的直木纹的良材来制造酒桶。在进口这种材料的时候，要求制成尺寸为11厘米×115厘米的成材，并将其组装成桶。熟成用桶的种类有小桶（Barrel 180升）、中桶（Hongshead 230升）、大桶（Puncheon 480升）和白葡萄酒桶（Sherre Butt 480升）四种。由于桶的尺寸不同，每个容量单位的桶内表面积也不相同，这将会影响熟成的速度。而且，熟成的地点，要选择空气清新、具有适当湿度的阴凉地方。威士忌原酒通过桶材吸收外部空气，并逐渐发育成美酒。但是，作为其代价，桶中的原酒也以每年3％的速度蒸发掉了。在蒸馏所，把由此减少的分量称之为"分给天使的份额"。在桶中经过7～8年的熟成之后，麦芽原酒具有了鲜明的琥珀色、诱人的芳香、柔和的口感等这些麦芽威士忌所独具的特征。

这种熟成中的变化，是由以下因素相互作用引起的。

a. 通过进入桶中的空气的作用，威士忌的成分被氧化，形成了具有香味的酒的成分。

b. 桶材的成分（木质素、鞣酸、色素、氮化合物等）溶解出来，与麦芽原酒成分相互作用，从而形成了各种芳香和其他味感。

c. 刺激味极强的挥发成分蒸发出去，而难以飞散的成分则浓缩了。

d. 酒精分子和水分子互相亲和，酒精的刺激性味道（分子的亲和作用）减少了。

当然，由于贮藏地点和环境等因素的影响，每桶酒都会有微妙的不同，最后要进行调匀（Vatting 将同种麦芽威士忌混合在一起），以取得口味的均衡，这是非常重要的调整工序。将麦芽威士忌调匀之后，要再一次进行贮藏和后熟成处理。最后形成的产品被称为"纯真麦芽威士忌"（Pure Malt Whisky）。只有一个蒸馏所中制造的纯真麦芽威士忌被称为"单一麦芽威士忌"（Single Malt Whisky）。

2）谷物威士忌（Grain Whisky）。由于所用制造威士忌酒的原料中含80%～90%谷物，所以称之为"谷物威士忌"。谷物威士忌同麦芽威士忌一样，要经过糖化、发酵、蒸馏、贮藏等工序。但与麦芽威士忌有所不同的是蒸馏采用连续蒸馏机。

①原料糖化。原料主要是玉米。将玉米粉碎并与少量的麦芽一起浸在温水中进行蒸煮，待冷却到60℃左右，再掺入原有材料的10%～20%的麦芽进行糖化，再将其冷却并送往发酵罐。

②发酵。加入酵母，使其发酵。发酵温度超过30℃，经3～4天发酵结束，成为酒精度数为8°～9°的发酵液。

③蒸馏。发酵好的发酵液要连续进行蒸馏。连续蒸馏机由发酵液塔和精馏塔两部分组成。塔中有数十层的塔盘，每层塔盘都相当于一部单式蒸馏机。从发酵液塔顶附近将发酵液送入塔中，液体从上部流向下部，同时，从塔的底部向上部送入蒸汽，发酵液向下流的途中与蒸汽相遇而被加热。发酵液中的挥发成分上升，从上层将其收集，冷却后，形成馏出液。冷却后的馏出液流到精馏塔的中部，再从精馏塔的下部送入蒸汽。然后，从上层将酒精浓度很高的蒸汽收集，将其冷却后，就得到了酒精度为90°以上的精馏塔馏出液（谷物威士忌"新锅液"）。

与单式蒸馏相比，连续式蒸馏可以得到酒精度数很高的酒类，但从威士忌的质量上来说，其特征性被削弱了，因此，谷物威士忌又称为"低声调烈性酒"。目前，连续蒸馏机的塔数为3～4个，可以制取从初级的原酒到干型原酒等各种质量等级的酒型。

④熟成。谷物威士忌与麦芽威士忌一样，也是在白橡木酒桶中进行熟成的。与麦芽威士忌相比，其香味成分较少，其熟成带来的变化也较小。

3）混合型威士忌（Blended Whisky）。混合型威士忌是将麦芽威士忌原酒和谷物威士忌原酒混合而成的。通过将特征性较强的麦芽威士忌与起辅助作用的谷物威士忌的混合，将双方的特长很好地融合在一起，形成了混合型威士忌的香味，再掺水使其稀释到各种酒所要求的度数。为了使其香味稳定，还需再次熟成（再贮藏）后装入瓶中。混合型威士忌的混合作用是要使产品均一化，且是可以根据消费者的爱好和口味制造。

2. 苏格兰威士忌（Scotch Whisky）

所谓苏格兰威士忌是在英国北部苏格兰地区蒸馏、熟成的威士忌的总称。苏格兰威士忌的特征是由于在干燥麦芽时用泥炭作燃料，故而带有来自泥炭本身的那种特有的炭香。

苏格兰威士忌的定义是：以谷物为原料，加入酵母使之发酵，再蒸馏成不到95°（94.8°以下）的酒类，在木桶中最低熟成3年以上。

关于苏格兰威士忌的历史，前面已经讲过了。一般认为最晚在15世纪就已出现了。此后，经历了几个历史阶段，在距今约150年前，由于连续式蒸馏机的诞生，出现了麦芽威士忌和谷物威士忌的分化；而距今140年前，又出现了混合型威士忌，从此，作为一种产业发展起来；第二次世界大战之后，在世界各国被广泛饮用，直至今日。

（1）苏格兰威士忌的种类

1）麦芽威士忌（Malt Whisky）。麦芽威士忌是以大麦芽（Malt）为原料，通常发酵后用单式蒸馏机（Pot Still）蒸馏两次，然后在白橡木桶中逐渐熟成而制成的威士忌。这种麦芽威士忌的蒸馏所（Distillery）在苏格兰约有100处，但实际应用的约80处左右。而且每个蒸馏所从烧炭方式，到蒸馏锅的形状，再到桶中熟成的做法都有所不同，所以制造出来的威士忌的特性也各有所异。可以说，有多少个蒸馏所，就有多少种类型的麦芽威士忌。这种特性各异的威士忌不与其他蒸馏所的威士忌相混合，而只是在每个蒸馏所制造出的威士忌被称为"单一麦芽威士忌"（Single Malt Whisky）。

与单一麦芽威士忌语义相同的名称还有"纯麦芽威士忌"（Pure Malt Whisky）。这一名称可以用于两个方面：其一是用于同一蒸馏所的麦芽威士忌混合而成的单一麦芽威士忌；其二是用于几个蒸馏所的麦芽威士忌混合而成的桶装麦芽威士忌（Vatted Malt Whisky）。

在纯麦芽威士忌的出口商品中，有的标有"全麦芽苏格兰威士忌"（All Malt Scotch Whisky）的字样。也有的标有"非混合苏格兰威士忌"（Unblended Scoth Whisky）的字样。蒸馏所的数量有100处左右，但是其中有4～5处是不出售这种单一麦芽威士忌的。而且，并不是所有的蒸馏所都进行麦芽威士忌的装瓶作业，有将近半数的蒸馏所将自己的酒卖给专门装瓶的企业。这些业户有时会用自己的酒桶，例如，用白葡萄酒桶等进行熟成，制成特殊的产品。

为此，蒸馏所虽只有100处，但单一麦芽威士忌或桶装麦芽威士忌的品牌却是此数的3～4倍。而且，其中部分业主，例如歌顿安德麦克菲勒公司、威利阿姆·凯登赫德公司等，用本公司统一的商标标签出售稀有的单一麦芽威士忌酒。更有甚者，在爱丁堡的苏格兰麦芽威士忌协会则采用更为独特的方法——他们买进桶装的麦芽威士忌，装瓶后即进行销售。

在苏格兰这片宽广的土地上，以往麦芽威士忌的产地可以大致分成四个部分：苏格兰高地、苏格兰低地、艾莱、坎贝尔区域。而目前则大致可分为三个地区，即苏格兰高地、苏格兰低地、艾莱。苏格兰高地又可进一步分为斯佩塞德和从奥克尼群岛到坎贝尔地区两部分。虽然，产地名往往就是麦芽威士忌的类型名，但是现实中每个蒸馏所的产品特性都有很大的差异。

①苏格兰高地麦芽威士忌（Highland Malt Whisky）。格拉斯哥市西总后格陵诺克（Greenock）和邓迪（Dundee）的连接线以北，通常被称为苏格兰高地。蒸馏所的分布非常广泛，以北部的奥马群岛为开端到内斯湖附近的因弗内斯（Inverness）周围；西南部的杰拉岛和最近才扩展到的坎贝尔城区。除此之外，还有斯佩河流域的斯佩塞德（Speyside），在这里有专门制造特殊类型麦芽威士忌的蒸馏所。

苏格兰麦芽威士忌的特征，从整体上来说，具有强烈却很均衡的辣味，一般都具有一种厚重的炭香。其中，斯佩塞德麦芽威士忌的特征则是具有一种特殊的优雅性和非同寻常的炭香。另外，坎贝尔城区的麦芽威士忌的特征是具有淡黄色的（乳酪色）炭香型，当然，其程度还没有达到艾莱麦芽威士忌的程度。

②苏格兰低地麦芽威士忌（Lowland Malt Whisky）。苏格兰低地是指苏格兰高地边界线以南的地区，气候温暖宜人。其麦芽威士忌与苏格兰高地的麦芽威士忌相比，炭香味较少，可以说是一种柔和的麦芽威士忌。该地区有6处蒸馏所。

③艾莱麦芽威士忌（Islay Malt Whisky）。现在往往用当地的发音说成是艾拉。这是苏格兰以西，大西洋中艾莱（Islay）岛所产的一种麦芽威士忌，具有强烈的炭香，烈性酒较多，有8处蒸馏所。

2) 谷物威士忌（Grain Whisky）。谷物威士忌的制作是在规模较大的蒸馏所内，以玉米或小麦和大麦芽为原料，用连续式蒸馏机制造的。而麦芽威士忌则往往是在小规模蒸馏所中制造的。谷物威士忌不带有炭香，是一种高浓度蒸馏酒，其酒味醇和。经蒸馏制造的酒，与麦芽威士忌不同，其蒸馏酒的口感特性不很浓烈。目前，在苏格兰高地有一处蒸馏所，在苏格兰低地有7处蒸馏所，均是具有现代化设备的大型蒸馏所。

3）混合型威士忌（Blended Whisky）。混合的目的就在于，用混合型威士忌所特有的中性清淡口味去代替原来各种类型麦芽威士忌的强烈刺激口味，使其成为多数人乐于接受并百饮不厌的威士忌。因此，可以灵活地运用各地麦芽威士忌的特性，制成受众人喜爱的威士忌酒。一般的做法是，以苏格兰高地产的品种繁多、优雅独特的麦芽威士忌为基础，混合成具有苏格兰低地产的麦芽威士忌的圆润口感，再用带有辣味和炭香的艾莱群岛的麦芽威士忌去加重口感。在这种混合麦芽威士忌中，再混入中性的谷物威士忌，从而制造出口味均衡的威士忌酒。

在混合比率方面，各厂家基本上都按下面四种类型划分：

①超级品。是混合威士忌的最高级品，通常年数标示为15年以上，一般麦芽威士忌的配合比率高达50%以上。

②超值品。是高级混合威士忌。年数标示为12年以上，一般麦芽威士忌的配合比率为40%～50%。

③半超值品。是10～12年的麦芽威士忌，配合比率为40%左右。使用的谷物威士忌也是经过长期熟成的酒品，但不标示年数。

④标准品。由于混合成分的不同而有相当大的差异，但一般是使用了6～10年的麦芽威士忌，配合比率为30%～40%。

混合威士忌因基本原料配合比率不同，口味差别相当大。但它却没有麦芽威士忌那么浓烈，整体上来说口感较为均衡，清淡而圆润，是一种令人陶醉的威士忌。

（2）苏格兰威士忌的主要品牌

1）格兰菲迪（Glenflddich）。是苏格兰高地的单种麦芽威士忌，因蒸馏所位于苏格兰格兰菲迪河而得名。这种酒具有辣味和泥炭的香味，同时以三角柱形酒瓶作为其公司产品的特征，它是苏格兰高地麦芽威士忌中最畅销的产品。

2）百龄坛（Ballantine）。该公司创立于1827年，是以百龄坛公司自己所拥有的蒸馏酒厂生产的8种麦芽威士忌为主，再掺入42种威士忌调配而成的威士忌。其口感圆润，并且伴有浓浓的香醇。其产品有：FINEST、GOLDEN SEAL，属中档酒；12年、17年的百龄坛威士忌具有厚重浓烈的口感；30年陈酒则是用30年以上的威士忌调配而成，是不可多得的极品。

3）金铃（Bell）。生产该酒的公司创立于1825年。金铃威士忌是苏格兰本地销量最好的威士忌，至今经久不衰，其所有酒瓶上都贴有

《圣经》中的一句话"AFORE YE GO",意思是"你前进吧"。金铃牌威士忌的最高级酒是陶瓷瓶装的21年陈酒。

4)芝华士(Chivas Regal)。生产该酒的公司是具有近200年历史的老酒厂,Regal为"国王"之意。1843年,该酒曾受到维多利亚女王的御用。1953年,该酒又推出极品的威士忌"皇家礼炮21年"。芝华士威士忌口感圆润顺畅,被许多威士忌爱好者所青睐。

5)尊尼获加(Johnnie Walker)。该品牌威士忌在苏格兰威士忌中销量第一,而在全世界威士忌销量中居第三位。常见的有红方和黑方两种,红方(Red Lable)稍有辣味,但很顺口;黑方(Black Lable)则是含麦芽威士忌较高的酒品,其质量高于红方。他们近年又推出了蓝方,堪称"不可多得的佳酿"。

6)老伯(Old Parr)。老伯威士忌得名于英国一名152岁老寿星——汤姆斯·帕尔(Thomas Parr)。酒瓶背后的标签有一代巨匠——路班斯亲手描绘的帕尔老人的肖像。老伯威士忌的特色是强调泥炭的香味,该酒口味略甜,比较顺口,酒瓶是独特的正方形咖啡色瓶,属于12年豪华型陈酒。

此外,比较有名的苏格兰威士忌还有:海格(Haig)、百笛人(100 Pippers)、龙津(Long John)、珍宝(J&B)、大使牌(Ambassador)、教师牌(Teacher's)、白牌(White Lable)、顺风(Cutty Sark)、白马牌(White Horse)、格兰特(Grant)、大笨钟(Big Ben)等。

3. 爱尔兰威士忌(Irish Whisky)

(1)爱尔兰威士忌简介。爱尔兰威士忌是位于英国大不列颠岛西部的爱尔兰岛制造的威士忌。爱尔兰岛目前出于政治原因被划分为两部分,但该岛制造的所有威士忌被统称为爱尔兰威士忌。爱尔兰制造威士忌的历史要比苏格兰早。1172年,远征爱尔兰的英国亨利二世的军队曾见到过被人认为是威士忌前身的蒸馏酒,这一点在文献中已有记载。由于政治、宗教以及苏格兰D.C.L.市场战略等因素的影响,爱尔兰威士忌的生产曾一度衰退。但是,第二次世界大战后,随着柔和型的加拿大威士忌需求量的不断增加,作为柔和型的爱尔兰威士忌又被广泛饮用起来。爱尔兰威士忌的特征是大麦本身的芳香味较浓,不存在泥炭造的烟味,另外,具有用大型单式蒸馏机三次蒸馏而形成的酒体的柔和性。与苏格兰不同,爱尔兰在烘干麦芽时,不使用泥炭,而是用煤作燃料,这样就不带有烟味。这是由于附近煤炭产量丰富,使用起来非常方便的原因。

爱尔兰威士忌所用原料，除了使用大麦芽以外，还使用未发芽的大麦或黑麦、小麦等。这是由于150年前，政府对麦芽征收高额税金，厂家减少麦芽的使用量而改用国内产量丰富的大麦的缘故。这一做法的结果，使大麦的香味成分混入酒中，从而，确立了爱尔兰威士忌这一酒型。蒸馏是分三次进行的，第一次蒸馏是取得精蒸馏液，然后将其送入再蒸馏锅进行二次蒸馏，最后将中段的高浓度蒸馏液再送入第三次蒸馏锅，残余的蒸馏液又返回初蒸馏锅或再蒸馏锅，只将第三次蒸馏时中段的蒸馏液装入桶中熟成，头部和尾部的蒸馏液又返回到再蒸馏锅。这样取得的蒸馏液具有85%左右的浓度，与苏格兰麦芽威士忌相比，这是一种相对柔和的威士忌。其熟成容器是用波本（原产地为美国的一种酒）、朗姆、雪利等所用的酒桶，或者用白橡木酒桶。与苏格兰威士忌一样，要熟成3年以上（向美国出口的酒，要根据美国法律，熟成4年以上）的爱尔兰威士忌，被称为爱尔兰纯威士忌。与苏格兰单一麦芽威士忌相比，具有圆润、柔和的口感。即使如此，却仍具有浓厚的威士忌口味。正因如此，在威士忌向柔和型转化的潮流中，从1970年开始，爱尔兰威士忌也开始使用谷物烈性酒，于是，爱尔兰混合型威士忌进入市场。与苏格兰混合型威士忌相比，爱尔兰混合型威士忌没有那种烟味，口感相当柔和，从而得到了人们的赞誉。但在世界的威士忌市场中，市场占有率仍然很低。

目前，爱尔兰有2处蒸馏所，分别建在爱尔兰岛北部的布修米尔斯（Bushmills）和该岛南部科克州的米德尔顿（Midleton）。这2处蒸馏所都具有最新式的现代化设备，均属于1960—1970年之间诞生的爱尔兰迪斯特拉兹集团（简称 I.D.C）所有。

(2) 爱尔兰威士忌主要品牌

1) 旧美醇（John Jameson）。该酒的生产公司于1780年在爱尔兰的首都柏林建立，堪称是一家具有悠久历史和传统的酒厂。它在爱尔兰威士忌酒类中扮演着领导的角色，是爱尔兰威士忌的代表。这种酒的特色是具有平稳圆润和清爽的口感，甘醇芬芳，是一种极受欢迎的酒品。

2) 布施米尔（Bushmills）。该酒的生产公司位于北爱尔兰北部沿海地区，于1784年创立。不过在13世纪的时候他们就有蒸馏威士忌的记录了。布施米尔威士忌采用精选大麦以及清澈的溪水作为原料，以繁杂的制造方法酿制而成，是一种具有独特浓香口味的威士忌。

3) 图拉摩尔·督（Tullamore Dew）。该酒生产公司创立于1829年。"图拉摩尔"是爱尔兰中心地区曾经繁荣一时的一个城镇的名字。

而"督"则是露水的意思。另外，酒标上的牧羊犬也是爱尔兰的象征。图拉摩尔·督威士忌是属于口味平稳顺畅的爱尔兰威士忌。

4. 美国威士忌（American Whisky）

（1）美国威士忌的历史。美国蒸馏酒的历史可以追溯到英国人正式开拓美洲殖民地后不久，即17世纪的初期。1620年，103名英国清教徒乘坐"五月花号"船到达马萨诸塞州科德角时，船里就装有酒。这些移民们用果物和谷物等造酒。但最初的蒸馏酒并不是使用谷物，而是蒸馏以果物等为原料的白兰地（苹果白兰地）或者以加勒比海群岛制造砂糖的副产品——糖蜜为原料的朗姆酒。

1808年，谷物酒取代朗姆酒开始成为主体。当时，由于谷物有了剩余，再加上其他原因，于是，以谷物为原料的造酒业，便在宾夕法尼亚一带发展起来了。这是由于来自具有威士忌蒸馏技术的爱尔兰或苏格兰的殖民者，他们于18世纪开始在宾夕法尼亚等地种植黑麦，并制造黑麦威士忌。

1775年，独立战争爆发，通过同英军浴血奋战，美国取得了独立。独立战争后力图重建经济的政府，对制酒商制造的威士忌强行征税。这些蒸馏酒业者对此强烈反对，直至发展成为历史上有名的大暴乱（The Whisky Rebellion 威士忌暴乱），由于军队的介入，暴乱被平息。但始终对缴税怀有敌意的一部分蒸馏业者开始移居宾夕法尼亚等偏僻地区及更为西部的肯塔基、印第安纳、田纳西等地。在此之前，宾夕法尼亚等东部各州制造的威士忌，主要是使用黑麦或大麦。后来发现在肯塔基州使用玉米更为适宜，于是，一直使用黑麦制造威士忌的蒸馏酒业者，不再把玉米作为黑麦的辅助材料而是作为威士忌的主要材料加以使用了。

1785年，住在乔治敦（当时还是弗吉尼亚的一部分）的牧师埃利佳·克莱格也着手从事酒的蒸馏。一个偶然的机会，他发现使用内侧烧焦的酒桶的威士忌无论是味道还是色泽都非常好，据说，这就是波旁威士忌的初始。虽然，还有其他2～3种说法，但均因无证据而只限于传说而已。不管怎样，从18世纪后半期开始到19世纪，波旁威士忌已经诞生却是确凿无疑的。

1865年，南北战争结束后，北部资本进入了南部，美国经济急速发展。威士忌的制造也开始使用连续式蒸馏机，其生产量也急剧提高。杰克·达尼埃尔、布劳思·弗曼、恩逊德·艾治等目前有名的企业，都是在那个时代相继创业的。使威士忌产业的发展急速停顿下来的是臭名昭著的"禁酒法"。"禁酒法"是于1920年1月颁布的,其背景有如下原因:出于对德国籍移民从事酿造业的反对;始于殖民地时代的根深蒂固的清教主义;女性发言影响力的增强等。其结果只是助长了通过秘密制造、秘密买卖获得巨大利益的黑手党势力的扩张,而完全没能对饮酒加以限制。当然,在这期间鸡尾酒得到了很大的普及,从而诞生了美国独特的酒文化。"禁酒法"实施期间,由于秘密制造酒者是在月光下进行秘密造酒,所以,当时把秘密造酒者称为"moon shiner",而把秘密制造的酒称之为"moon shine"。"禁酒法"废除后,威士忌产业在短时间内便得到恢复。蒸馏方法也变成只使用高效的连续式蒸馏机,单式蒸馏机基本上绝迹了。美国的威士忌制造,不仅蒸馏法,连熟成法也具有独特的创造方式,故而形成了与苏格兰威士忌、爱尔兰威士忌等类型完全不同的威士忌。

越南战争结束后,人们对回归自然和人身健康的观念日益高涨,出现了葡萄酒热。从此,对威士忌的需求锐减。1980年之后,作为"硬酒",威士忌的需求增长已远不如当时俗称"白东西"的白酒。但是,1990年之后,以加利福尼亚为中心,波旁威士忌的声望又有所恢复。

(2) 美国威士忌的定义。美国威士忌的定义是:以谷物为原料,蒸馏到酒精成分不足95°时,用橡木桶熟成,酒精成分保持在40°以上进行装瓶。只要蒸馏度数超过95%,即使所用材料相同,也被称为"谷物烈性酒"(美联邦酒精法)。

(3) 美国威士忌的种类和制法

1) 纯威士忌(Straight Whisky)。所谓纯威士忌,是酒精度数在80°以下,除了玉米威士忌之外,均用白橡木的新桶(内侧面要经过烧焦),最低贮藏2年以上的威士忌。通过将桶内侧烧焦,产生一种纯威士忌所特有的、特性极强的醇香。纯威士忌占美国威士忌总产量的一半左右,基本上都是纯波旁威士忌。

①纯波旁威士忌(Straight Bourbon Whisky)。波旁的语源,是来自法语的Bourbon(波旁)王朝。18世纪,法国在殖民地的问题上与英国相对立,成为美国独立战争的导火线。此时,法国国王路易十六支持美国的独立派,并参加了对英战争。对此,独立后的美利坚合众国为了对这种支援表示感谢,而将路易王朝的波旁家庭的名字作为地名在肯塔基州设立了波旁县。现在,其规模要比当时小得多了,但是仍然作为肯塔基州的一个县保留下来,并且作为一种威士忌的名称而流传至今。

纯波旁威士忌根据1964年制定的《美联邦酒精法》做了如下的定

义：玉米的使用量为 51% 以上（使用量为 80% 以上时，为玉米威士忌），则内侧烧焦的白橡木新桶最低熟成 2 年以上。蒸馏达到 160 标准的强度（80°）以下，在 125 标准强度（62.5°）以下熟成，在市场出售时应为 80 标准强度（40°）以上。

此外，在标签上有时标有"保税瓶装酒"（Bottled in Bond）或"保税"（Bonded）的字样。这根据 1894 年制定的"瓶装酒保税法"而做的。这仅限于酒精度数为 100 标准强度（50°）的威士忌在保税仓库装瓶出厂的商品，在出厂之前可暂不缴酒税。这种威士忌需熟成 4 年以上。

纯波旁威士忌的制造方法是将玉米和其他的谷物粉碎，再加水（一种从石灰岩层流出的水），然后，再掺入麦芽来制成酒的原液。在原液中添加酵母使之发酵。发酵后便形成了酒精含量为 8%～10% 的发酵液。这种方法被称为"甜浆法"，其他还有被称为"酸浆法"的强特发酵方法。酸浆法的发明是一位名叫詹姆斯·库朗蒸馏所的创始人。他采用两种方式，其一是在酵母培养的初期，使其产生乳酸菌，降低 pH 值，并控制杂菌的繁殖；其二是在糖化的时候，添加一种蒸馏过一次酒精被提取后的残液，而使之发酵。甜浆法和酸浆法均能使威士忌的口味变得均匀，并能增加浓厚感。蒸馏是采用连续式蒸馏机同达布拉蒸馏机相结合的设备。一般是按 64%～70% 低度数标准来加以蒸馏，其副成分较多，所以会形成一种诱人的香味。然后用内侧充分烧焦的白橡木新桶进行熟成。通过用内侧烧焦的桶熟成的酒，会产生一种稍有发红的独特色泽。约 80% 纯波旁威士忌是在肯塔基州制造的，印第安纳州的产量也较多。

②田纳西威士忌（Tennessee Whisky）。田纳西州制造的威士忌，在法律上仍称做纯波旁威士忌。但由于制造方法和风味均不相同，所以，习惯上用这一名称称呼。田纳西威士忌的制法是，将刚刚蒸馏过的纯波旁威士忌的原酒在熟成前装入 3.6 米深的过滤大桶内，滤层是用粉碎后的糖槭树木炭制成的。通过过滤层一滴一滴地长时间过滤，一方面去除杂醇油，一方面使其具有糖槭木炭自身的风味，从而形成圆润可口的酒。这种工序被称为"木炭发酵"（Charcoal Mellowing）。

③纯黑麦威士忌（Straight Rey Whisky）。美国威士忌的历史，始于东部宾夕法尼亚州用黑麦做主要原料制造的威士忌。也就是说，黑麦威士忌比波旁威士忌的历史更为久远。它给人比波旁威士忌更浓重的香味和独特的炭香味。其制法是以含有 51% 以上黑麦的谷物为原料，使

蒸馏液酒精成分在80°以下，用内侧烧焦的橡木新桶熟成2年以上，其制造工艺基本上与波旁威士忌相同。

④纯玉米威士忌（Straight Corn Whisky）。在原料中所用玉米为80%以上。桶熟成与波旁威士忌不同，是用旧桶或内侧不烧焦的新桶。一般来说，与波旁威士忌相比，其特征是更具有玉米的特性，口味也较柔和。

2) 混合型纯威士忌（Blended Straight Whisky）。是指将纯威士忌的酒混合而成的威士忌。

3) 混合型威士忌（Blended Whisky）。与波旁威士忌同样，是美国的一种普及型威士忌。原为加拿大开发的一种酒，在美国禁酒法颁布后，扩展到美国市场。这种酒是要威士忌保持在20%（以100标准强度即50°为基准进行换算），然后混入威士忌、烈性酒而制成。此酒有一种爽快的口感，很受欢迎。

4) 柔和型威士忌（Light Whisky）。含酒精度数在80°以上90°以下，用没经过烧焦的酒桶（新旧均可）贮藏的威士忌。而混合型柔和威士忌（Blended Light Whisky）是纯威士忌使用量的20%以下，其余则为柔和威士忌。这些威士忌都是近年来在人们的嗜好转向柔和化的潮流中诞生的。

表1—1　　　　　　　　美国威士忌的分类表

威士忌类型	原料	蒸馏酒精度数	贮藏桶	贮藏年数
威士忌	谷类	不足95°	橡木桶	
纯波旁威士忌	玉米为51%以上	80°以下	用内侧烧焦的白橡木新桶	2年以上
纯黑麦威士忌	黑麦51%以上	80°以下	用内侧烧焦的橡木新桶	2年以上
纯玉米威士忌	玉米80%以上	80°以下	用使用过的橡木桶或内侧不烧焦的橡木新桶	2年以上
柔和型威士忌	谷类80%以上	95°以下	用使用过的橡木桶或内侧不烧焦的橡木新桶	
混合型威士忌	纯威士忌保持在20%以上，然后混入威士忌（主要是柔和威士忌）或中性烈酒而制成			

(4) 美国威士忌的主要品牌。美国威士忌的主要品牌有：四玫瑰（Four Roses）、占边（Jim Beam）、施格兰·杰克丹尼（Jack Daniel's）、伊凡·威廉姆斯（Evan Williams）、哈伯（I·W·Happer）、野火鸡（Wild Turkey）、老爷爷（Old Grand Dad）等。

5. 加拿大威士忌（Candian Whisky）

（1）加拿大威士忌的历史。加拿大制造威士忌是在美国独立战争之后。在独立战争期间，对独立抱有批评态度的英裔农民移居到加拿大，并在那里开始种植谷物。然而，这却造成了魁北克和蒙特利尔的谷物生产过剩。作为这种过剩产品的处理手段，面粉厂开始生产蒸馏酒，其中，一些企业则完全从面粉业转向了蒸馏酒制造业，这就是加拿大威士忌产生的背景。

19世纪后半期，形势发生了很大变化，由于采用了连续式蒸馏机和大量使用玉米，从生产以黑麦为原料的烈性威士忌转向生产柔和型的威士忌。加拿大威士忌的飞跃发展是进入20世纪之后的事情。最初是在多伦多、蒙特利尔、渥太华等大城市的主要道路旁及伊利湖、安大略湖、圣劳伦斯运河沿岸建立了蒸馏所。此后，由于美国颁布禁酒法，这些地方起到了一种美国威士忌仓库的作用。禁酒法废除后，美国的威士忌也没能立即进入市场，瞄准这一时机，加拿大威士忌进入美国市场，并确立了自己牢固的地盘。加拿大威士忌是加拿大制造的威士忌总称。在世界五大威士忌系列中，具有最爽口、最温和的特点。

（2）加拿大威士忌原料及定义。加拿大制造威士忌一般是用玉米、黑麦、大麦芽这三种原料。其中，如果黑麦的使用量超过51%的话，在商标上会有"黑麦威士忌"的标示。

加拿大威士忌的定义：以谷物为原料，用酵母发酵，在加拿大蒸馏，用小桶（180升以下）最低贮藏3年以上的酒。与美国的法律相比，是相当宽松的。

加拿大威士忌的制造方法，一般是将以黑麦为主体的香味突出的调味威士忌（Flavoring Whisky）与以玉米为主体的、近似于谷物威士忌的基酒威士忌（Base Whisky）混合在一起。

（3）加拿大威士忌的分类

1）调味威士忌（Flavoring Whisky）。调味威士忌以黑麦为主要原料，再加入玉米或大麦芽进行发酵，用连续式蒸馏机进行蒸馏。再用单式蒸馏机或者单塔式连续蒸馏机蒸馏，制成酒精含量为84%的香味强烈的威士忌原酒。

2) 基酒威士忌（Base Whisky）。基酒威士忌以玉米为主要原料，加入少量的大麦芽进行糖化、发酵。用3塔式以上的连续式蒸馏机制出的蒸馏液近乎纯酒精，酒精含量达94%～95%。与谷物威士忌一样，特殊酒味较少，香味也弱。将调味威士忌和基酒威士忌装入180升以下的小桶中进行熟成之后，使其混合。与其他威士忌原料、制法、熟成条件不同，其味儿会有很大的差别，是一种可以尽情饮用的没有特殊怪味的柔和型威士忌。

（4）加拿大威士忌的主要品牌。加拿大威士忌品牌有：加拿大俱乐部（Canadian Club），简称"C.C."、施格兰（Seagram's VO）6年陈酿酒、阿拉伯的春天（Alberta Springs）、皇冠（Crown Royal）以及古董牌（Antique）等。

6. 日本的威士忌

日本威士忌的特征近似于苏格兰型威士忌，由于其口味的设计与苏格兰威士忌一样，是以麦芽威士忌为基础的。但是，与苏格兰威士忌相比较，其香味中烟味较少，香味醇厚，各种味调制得较为均衡，酒质浓重，因此即使掺水饮用也不失香味。日本的威士忌构成成分是用威士忌原酒混入烈性酒制成的。

（1）日本威士忌的特征。如前所述，日本威士忌的特征基本上与苏格兰威士忌相似。但是它把苏格兰威士忌所有的烟味加以灵活控制，即使掺水饮用也能保持长久的香味。另外一种威士忌是在麦芽威士忌或者谷物威士忌中掺入酒精或其他烈性酒。

在平成元年修改后的酒税法中，对威士忌做了如下的定义：

1）以发芽的谷类和水为原料，使其糖化、发酵的酒精含有物再加以蒸馏的酒类（但限于该酒精含有物蒸馏出的酒精成分小于95%的酒类）。

2）通过发芽的谷物和水使谷类糖化、发酵的酒精含有物再加以蒸馏的酒类（但限于该酒精含有物蒸馏出的酒精成分小于95%的酒类）。

3）在1）或2）的酒类中掺入酒精、烈性酒、香料、色素或水所制成的酒类。但是1）或2）的酒类的酒精总量在掺入酒精、烈性酒或香料后的酒精总量小于10%的酒类除外。

这就是说，原料的一部分或全部是以大麦芽为主的谷类，且酒精度数不满95%的蒸馏酒都可以被称为威士忌。其中，相当于1）的酒类是麦芽威士忌，而相当于2）的酒类则是谷物威士忌。只是用1）类酒制成的产品，要用"纯麦芽威士忌"这种表述写在商品的标签上。仅仅是一个蒸馏所制造的产品时,可以被称为"单一麦芽威士忌"。在日本,关于混合型威士忌,是用1)和2)混合而成的威士忌。而3)则是规定在这种情况下1)或者2)所列举的酒类必须混合到何种程度。

(2)谷物烈性酒(Grain Spirit)。是以玉米等谷物为原料,用发酵剂进行糖化、发酵,并用连续式蒸馏机蒸馏成酒精含量为95%以上的酒类。谷物本身的甜味要比谷物威士忌少。除了应用于威士忌之外,还用于金酒或伏特加。

(3)中性烈性酒(Neutral Spirit)。一般与朗姆酒一样,是使用糖蜜,将其发酵后,用连续式蒸馏机蒸馏成酒精含量为95%以上的酒类。它具有极其稳定的中性特性。在日本,如果将此中性烈酒应用于酒类制造的过程中,在酒税法上被称为"原料用酒精""混合用酒精"。此外,在威士忌的标签上,有时写着"原料:麦芽、谷物"这样的表述。这里的麦芽是指大麦芽,而谷物则是指玉米之类的谷类,并不是指麦芽威士忌或谷物威士忌。并且,在一部分商品的标签上有的还标出了年数,这表示在所用的原酒中最短的贮藏年数。

7. 金酒(Gin)

(1)金酒的定义。金酒亦称毡酒、琴酒,或称杜松子酒。是以谷物为原料,经过糖化、发酵、蒸馏之后,再同植物的根茎及香料一起进行再蒸馏制成的酒。这种酒是无色透明的,具有清新的香味和柔润的口感,并且味道辛辣。但是,广义上的金酒,无色透明,带有甜味,非常好喝,添加了水果的香味和色素,与利乔酒型相似。与这些金酒相对应,前面所说的无色透明、辛辣的金酒叫做干金酒,这种干金酒才是金酒的主流。通常说的金酒,就是指这种干金酒。

(2)金酒的起源及其发展历史。金酒起源于1660年荷兰莱顿大学西尔鲍斯博士(Dr. Sylvius)制造的药用酒。为了研制出能医治殖民地流行的高热病的特效药,他将当时被认为有利尿效果的鸠尼帕·贝利杜松子(Juniper Berry)浸渍于酒精当中进行蒸馏,以此来制造利尿剂,并用鸠尼帕·贝利的法语名称鸠尼埃布(Genievre)来作为这种药的名称在市场上销售。

当时,饮用蒸馏酒的习惯正在逐渐形成,但由于是用结构简单的单式蒸馏机制造的酒,所以,杂味很重的酒充斥于市。具有鸠尼帕·贝利清新香味的这种药酒,虽然有一定药效,但是却作为普通的酒被人们所喜爱,并被广泛饮用起来。名称也被叫做荷兰语的依内菲尔(Genever)或者依内法(Geneva),并被人们所喜用。

1689年，荷兰的奥兰治大公威廉被称为英国国王的时候，这种饮用依内菲尔的习惯也在英国传播开来。尤其是在伦敦，达到了狂热的程度，而且酒的名称也被更改，由原来的鸠尼埃布尔变成了金（Gin）。

进入19世纪后，随着连续式蒸馏机的进步，英国的金酒也开始利用这种蒸馏机进行制造，从而质量发生了极大的变化，成为一种没有刺激性怪味、风味柔和、细腻优雅的酒。从此之后，英国的金酒就被称为"不列颠金酒"，或者加上主产地的名称而叫做"伦敦金酒"。这时，英国金酒与仍沿用单式蒸馏机制造的依内菲尔分道扬镳，开始走上金酒独自的发展道路，直到今日。

目前，世界各国都在制造金酒，然而绝大多数是伦敦金酒型的干金酒。除此之外，传到美国的金酒作为鸡尾酒的基酒而名声大振，在世界都享有盛誉。于是有人说"金酒，荷兰人使之诞生，英国人使之提高，美国人使之兴盛"。恰当地描述了金酒发展的历史。

（3）金酒的种类

1）干金酒（Dry Gin）。干金酒的主要原料是玉米、大麦芽，但有时也使用黑麦等原料。将这些原料发酵后，用连续式蒸馏机制成95%以上的谷物烈性酒。一般情况下，酒精的控制要比制造伏特加稍低一些。

这种烈性酒与杜松子及其他植物的根茎及香料一起再次进行蒸馏。这种蒸馏有两种方法，其一是将植物的根茎及香料掺和到烈性酒之中，用单式蒸馏机蒸馏的方法；其二是在单式蒸馏机上部安装一个被称为"金酒头罩"的上下用金属网制造的圆筒，圆筒中放入植物的根茎及香料，蒸馏出来的金酒蒸汽通过时，将其香气成分一起取出来的方法。增加香味所用的植物的根茎及香料，除了杜松子之外，还有胡荽、大茴香、小豆蔻等的种子，以及当归、甘草、菖蒲等的根，还有柠檬、橘子皮和肉桂的树皮等。但详细的配方属于各制造厂家的技术秘密，是不对外公开的。这种技术秘诀的差异就形成了每个品牌风味的差异。但是，从整体上来看，干金酒是一种有着浓厚的清香气味，非常柔和圆润的蒸馏酒。其主要品牌有：将军（Beefeater），又称比菲特或御林军、哥顿（Gordon's），又称狗头牌、钻石（Gilbey's）、孟买（Bombay）、汤可瑞（Tanqueray）及施格兰（Seagram's）等。

2）荷兰金酒（Holland's Genever）。荷兰的金酒，直至现在仍如同以往一样，主流还是使用单式蒸馏机进行蒸馏。但是近年来干金酒型的酒类生产逐年增加。

依内法（Geneva）在荷兰以外的国家被称为日内瓦。主要原料是大麦芽、玉米、黑麦。从一开始就是将这些原料混合使用。由于大麦芽的使用量比干金酒更多，所以，其特征是成品酒中残留有麦芽香味。将原料谷物糖化、发酵之后，用单式蒸馏机进行 2~3 次蒸馏，再在这种蒸馏液中加入杜松子和其他草根树皮类，再一次用单式蒸馏机进行蒸馏。这样制成的酒具有浓厚的香味，酒质稍稍浓烈并残留有麦芽香。因此，一般不将此酒作为鸡尾酒的基酒，主要是用于直接饮用。并且，有很多人喜欢将瓶装酒冷却之后饮用。此种类型的金酒，除了日内瓦以外，有的地方将它称为达奇·日内瓦（Duteh Geneva）、霍兰兹（Hollands）、斯奇达姆（Schiedam）等。荷兰金酒的著名品牌有亨克斯（Henkes）、波尔斯（Bols）、波克马（Bokma）、哈瑟坎坡（Hasekamp）、邦斯马（Bonsma）等。

3）施塔因黑格（Steinhager）。这是德国的蒸馏酒，也可以认为是金酒的一种。由于这种酒诞生于德国西部威斯特法林（Westfalen）州一个名叫施塔因哈根的村子里，因而有了这一酒名。现在，德国的其他州也生产这种酒。

其制法是首先将生杜松子（含有约 20％的糖质）发酵，用单式蒸馏机制成杜松子的烈性酒；用玉米、大麦芽制成谷物烈性酒与杜松子烈性酒混合后进行再次蒸馏，这样制成的酒就是施塔因黑格的成品。由于最初就使杜松子发酵加以使用，所以香味稳重，具有处于荷兰金酒与伦敦干金酒中间的风味。一般是放在冰箱内强冷之后，与啤酒一起饮用。

4）老汤姆金酒（Old Tom Gin）。这是在干金酒中加入 2％的砂糖，使其增加甜味的金酒。其基本的制法与干金酒相同。老汤姆金酒的由来，是 18 世纪时在伦敦设置了猫型金酒贩卖机，将硬币投入猫的口中后，甜金酒（当时酒质的杂味太重，为了易于饮用而加入砂糖使其变甜）就从猫脚中流出来了，这一巧妙的设计引起了轰动。由于雄猫叫做汤姆·卡特，所以这种金酒就被称为"老汤姆金酒"了。

近些年来，由于世界上辣型的金酒受到人们的喜爱，所以对这种老汤姆金酒的需求有减少的倾向。如果有人指定在鸡尾酒的配方中要有老汤姆金酒并且一时又难以购到，可以在干金酒中加少量的砂糖或果汁，酒味与老汤姆金酒几乎没有什么差别。

5）弗列佛德金酒（Flavored Gin）。在金酒中，用水果或特殊的香草加浓了香味，这类酒统称为弗列佛德金酒。其代表有野梅红金（Sloe Gin）、柠檬金酒（Lemon Gin）、橘子金酒（Orange Gin）、薄荷金酒

(Mint Gin)、生姜金酒（Ginger Gin）等。这类弗列佛德金酒，是在制取了与干金酒的基酒相同的谷物烈性酒之后，用水果或特殊的香草等来增加香味，通过加糖，使其接近利乔酒的口味。

野梅红金酒，是在烈性酒中浸渍野梅（杏的一种），加糖熟成之后，进行过滤制成的，具有与日本梅酒相似的特点。柠檬金酒、橘子金酒是以柠檬果皮、橘子果皮来加强香味，生姜金酒是增加了姜的香味，使其构成了具有各自特征的酒，这些酒也都增加了甜味。

8. 伏特加

（1）伏特加简介。伏特加酒主要是以谷物为原料，通过糖化、发酵和蒸馏，再用白桦木烧成的炭过滤而制成的一种没有特殊刺激性怪味的酒。与其他的蒸馏酒相比较，是一种中性的酒。伏特加酒除了酒精之外，剩下的几乎都是水了，但又绝不是那种没有味道的酒精。因此，饮用伏特加酒可以说是品尝酒精香味的一种酒。

伏特加酒到底从何时开始制造的，目前不清楚。一种说法是从12世纪开始，作为俄罗斯的一种本地酒已在农民中被饮用了。还有一种说法是俄罗斯的邻国波兰11世纪就已经存在这种酒了。

无论是哪种说法都可以说明，在12世纪前后的东欧大地上已经有了伏特加酒。这样看来，它比威士忌和白兰地的历史更为久远，也许可以说是欧洲最先出现的蒸馏酒。在莫斯科（1283—1547年）的记录中，记载了有关伏特加的内容，所以，在那个年代已经饮用伏特加是确切无疑的。当时还没有新大陆原产的玉米或马铃薯，大概是通过蒸馏黑麦啤酒或者蜂蜜酒制取的。而且，所蒸馏的酒被称为"吉兹尼亚·瓦达"（生命之水）。这说明已把蒸馏技术传播到这些地方。不久，这种吉兹尼亚·瓦达被简称为"瓦达"（水）。从16世纪伊凡大帝时代开始，以其爱称型的名字伏特加（Vodka）流行起来。17~18世纪的伏特加，似乎主要是用黑麦制成的，但从18世纪后半期开始，玉米和马铃薯也被用来制酒。

据说1810年，圣彼得堡的药剂师安德烈·阿尔巴诺夫发现了炭的吸附活性作用，而彼得·斯米尔诺夫则最先将这种炭应用于伏特加制造。从这以后，伏特加就确立了通过活性炭过滤而形成的"怪味少的酒"。到了19世纪后半期，由于采用了连续式蒸馏机，令酒质变得更为中性和清爽，基本上与今日的伏特加特点相似。伏特加似乎在俄罗斯的国民中间已被广泛饮用，据说在19世纪俄罗斯的帝政时代，政府的收入约有3成来自于伏特加的酒税。

1917年俄国革命发生后，伏特加传到了西欧各国。西欧的伏特加生产始于逃亡的白俄罗斯人乌拉吉米尔·斯米诺夫在巴黎的小规模生产。此后，随着美国禁酒法的废除，又传到了美国。由于伏特加具有中性酒的典型特点，作为鸡尾酒的基酒非常理想。当这一点被人们认识后，便在世界范围内被广泛应用。

　　（2）伏特加的制造方法。伏特加的主要原料是玉米、大麦、小麦、黑麦等谷物。在北欧和俄罗斯的一部分寒冷地带，也有的使用马铃薯。将这些原料糖化、发酵后，用连续蒸馏机制成酒精度为85°~96°的谷物烈性酒。然后，用水勾兑成酒精度为40°~60°，再用白桦木木炭过滤制成成品，酒精度为40°的伏特加占据主要地位。

　　决定伏特加特性的关键，是如何制取基础烈酒和如何恰到好处地进行白桦木木炭的过滤。白桦木木炭的过滤具有消除烈性酒的刺激成分，产生轻柔芳香的作用。而且，炭本身的味质成分（碳离子）溶解出来，会促进酒精和水的结合，起到增进其圆润性的作用。

　　如前所述，作为伏特加基础的烈性酒是为提高酒精的纯度而蒸馏出来的。所以，有一种见解认为原料上的差异不会对产品的质量带来太大的影响。因此，在美国即使原料不是谷物，只要将中性烈性酒（95°以上的蒸馏烈性酒）通过活性炭等处理，消除其特性、香气、味道、色泽，都可以看做是伏特加。

　　EU（欧盟）对伏特加的规定是"由农作物制取的酒精，通过活性炭过滤，去除刺激特性的酒"。

　　（3）伏特加主要产地

　　1）俄罗斯伏特加。现在，俄罗斯的伏特加有各种各样的种类，如清澄透明的中性伏特加，用香草加香伏特加以及利乔酒型的伏特加等。出口的代表品牌有斯道里西那亚（Stolichnaya）（意为首都的，酒精度数为40°）、斯道洛法亚（Stolovaya）（意为餐桌的，酒精度数为50°）、莫斯科夫斯卡亚（Moskovskay）（意为强烈的，酒精度数为56°）等。

　　除了无色透明的正规的伏特加之外，其他的伏特加统称为风味伏特加。其代表性的品牌有里莫那亚（添加了柠檬果皮和糖分的酒）、斯塔鲁卡（添加了梨、苹果和白兰地，并用桶熟成的酒，所谓斯塔鲁卡是老的意思）、兹布罗卡（添加有萱草精的伏特加，萱草在俄罗斯称为兹布罗卡草，香味极强）等。

　　2）波兰的伏特加。在波兰，这种酒写成WODKA，发音为包特卡。从17世纪就开始出口，是该国有代表性的烈性酒。波兰伏特加的酿造工艺与俄罗斯的基本相同,不同的只是波兰人在酿造过程中加入的香料要比俄罗斯伏特加多得多。比如一些草卉、植物、根茎、果类调香原料等。这就导致了波兰伏特加与俄罗斯伏特加的不同风格,一般说来,前者比后者的香料要丰富得多。代表性的品牌有毕博罗瓦(Wyborowa)。所谓毕博罗瓦是高级的意思,正如该酒名的含义一样,是波兰最优质的酒,原料是黑麦。波兰是世界上第二位的黑麦生产国,可以选用最好的黑麦作原料,在酒中保留有这种黑麦的风味也是其一大特征。最近,以吉特尼亚(Zytnia)这种商标向欧美出口,很受欢迎。此外还有蓝牛(Blauer Bison)、朱波罗卡(Zubrowka)等品牌。

3) 芬兰伏特加。素以"森林、湖泊之国"著称的芬兰,其代表性的伏特加有芬兰蒂亚(Finlandia),其主要原料是小麦。圆润柔和之中带有谷物自身的味道。

4) 美国、加拿大的伏特加。美国、加拿大的伏特加,所用谷物原料是玉米,能制出酒精度数为95％以上的谷物烈性酒。来自原料本身的香味几乎没有,是非常清澄的中性酒。活性炭处理也较强,一般制成干型酒。美国的代表性品牌有斯米诺夫(Smirnoff)、波波夫(Popov)、卡姆切卡(Kamchatka)等。加拿大则有高级伏特加赛依林特·萨姆(Silent Sam),该酒以酒质如水晶般晶莹而自豪。

五、植物蒸馏酒

1. 朗姆酒

(1) 朗姆酒简介。朗姆酒是以甘蔗为原料的蒸馏酒。一般是把甘蔗的榨汁煮干后,以去除砂糖结晶后的糖蜜为原料。这种残存的糖蜜被称为莫拉赛兹(mola-sses),所以,朗姆酒又有莫拉赛兹烈性酒的别名。但是,在一些地方也有将甘蔗的榨汁直接加水稀释来制取的做法,这种酒也被视为朗姆酒的同类。

朗姆酒诞生于加勒比海中的西印度群岛。作为朗姆酒原料的甘蔗是哥伦布发现新大陆时从南亚带到这里来的。由于这里的气候条件非常适合甘蔗的生长,所以,西印度群岛成为世界最大的甘蔗生产地。

据说17世纪初,英国人带着蒸馏技术定居于西印度群岛的巴巴多斯岛。他们用当地丰富的甘蔗制出了蒸馏酒,这就是朗姆酒的开端。还有另外一种说法,就是16世纪初渡海来到波多黎各的西班牙探险家麦哲伦(Ponce de leon)掌握蒸馏技术,利用当地的甘蔗,制造出了朗姆酒。无论哪一种说法都可以说明朗姆酒诞生于西印度群岛,至少在17世纪就已被制造出来了,因此,朗姆这一酒名也就此诞生了。在17世纪查尔斯 11 世时代的英国殖民地的记录中，又有这样的记载："有生以来头一次喝到用甘蔗蒸馏的烈酒，当地的土著居民都酩酊大醉（rumbullion，读音为朗巴里昂），兴奋不已"。一些英语学者认为：这个 rumbullion 英语词汇现在已经不再使用了，但是，很可能是将这个词的词头部分保留了下来，而成了朗姆（Rum）这一酒名。

现在，朗姆酒在法国被称为罗姆（Rhum），西班牙语被称为罗恩（Ron），葡萄牙语被称为罗姆（Rom），均是从前面讲到的英语朗姆（Rum）转化而来的。此后，以牙买加岛为中心，砂糖工业发展起来，与此同时，作为采用糖蜜的蒸馏业，朗姆酒的生产也兴盛起来。进入 18 世纪后，由于航海技术的进步和欧洲列强殖民政策的变化，造酒业有了很大的发展。首先，是将黑人作为奴隶从非洲带到西印度群岛，并把他们变成种植甘蔗的劳动力。返航时的空船又装入糖蜜运到美国的新英格兰，在这里又装上该地用糖蜜制造的朗姆酒返回非洲，这些朗姆酒又用来换取黑人。这就是殖民地史上被称为"三角贸易"的史实。这就是说，在非洲黑人作为奴隶被买卖的悲惨的历史年代里，朗姆酒被培育成世界性的酒类。而且，从这一史实也可以知道，美国最初蒸馏的酒既不是波旁酒，也不是威士忌酒，而是用从西印度群岛运来的糖蜜制造的朗姆酒。对于新大陆的居民来说，这是一种非常诱人的买卖。

1733 年，英国政府决定，对从英国殖民地以外的地方运到美国的糖蜜，征收带有禁止性的高额税金。这一措施是为了阻止来自法国殖民地的优质低价的糖蜜进口。于是 1764 年，通过颁布糖蜜法，严格监视 1733 年的法律颁布后猖獗的走私活动。这被看成是美国独立战争发生的重要原因之一。由于 1807 年颁布了《糖蜜进口禁止令》，第二年又颁布了《奴隶买卖废止令》，美国本土的朗姆酒制造终止了，代之而来的是威士忌的制造。

在朗姆酒的历史上，不能忽视的一点是朗姆酒和英国海军的关系。在英国的海军中，历来是提供啤酒给水兵饮用的，但巴依提督认为朗姆酒具有预防坏血病的作用，所以，决定在午饭前供给水兵半品脱（不到 0.25 升）朗姆酒。水兵们极为高兴，称赞提督为"老朗米"（Old Rummy），其含义有好家伙的意思。有人就说朗姆这一酒名就是由此而来的。但是朗米这个词却不是好家伙的意思，而是酩酊大醉的意思。然而，中午让水兵喝酒，不免给下午的操作带来麻烦，于是 1740 年巴依提督又改变命令，将朗姆酒用 4 倍的水稀释，并分两次发给水兵。对这一命令水兵很不满意，并始终穿着皱皱巴巴的罗缎（一种绢和羊毛混纺的粗衣料）斗篷以示对提督的抗议，口中喊着"古罗古"。从此之后，把那些卖便宜酒的酒馆称之为古罗古酒馆，以及饮用过多掺水酒后醉得脚步踉跄的形容词"古罗古"（groggy）就这样产生了，拳击中的用语古罗古（被对手打得摇摇晃晃的状态）也是从这里产生的。

（2）朗姆酒的制造方法。朗姆酒可分为三种类型，即口感柔和型朗姆、口感浓烈型朗姆和中间型朗姆。而从色泽上来分也可以分为三种类型，即白朗姆、黄金朗姆和黑朗姆。

1）柔和型朗姆酒是用水将糖蜜稀释，再用人工培养酵母发酵，人工用连续式蒸馏机进行高浓度的蒸馏，但最高酒精度数须控制在不到95°。因为蒸馏超过这种浓度时，就变成中性烈性酒了。将这蒸馏酒液纯净（不稀释），然后用酒糟或者内侧不经烧焦的橡木熟成，再通过活性炭层等进行过滤。其酒质的特征是具有柔和的风味和细腻的口感，通过装桶熟成酒会着色，原封不动地利用这一效应，就制成了金黄朗姆酒。

2）浓烈型朗姆酒，是自然发酵后进行单式蒸馏。糖蜜在制取之后，放置2～3天就地变酸，再往里面添加甘蔗的蔗渣（bagasse）或上次的蒸馏残液（dunder）等使其继续发酵。发酵之后，就会生成一种独特的香气，但还需用单式蒸馏机进行蒸馏。蒸馏出的新酒要用内侧烧焦的橡木桶进行3年以上的熟成。当然，有时也使用熟成波旁酒用过的旧桶。经过熟成的酒含有很多酒精之外的副生成分，风味丰富，具有浓褐色的浓烈型朗姆酒。

3）中间型朗姆酒的制法有两种，其一，是采用同浓烈型相同的发酵方法，但必须用连续蒸馏机蒸馏原液。其二，是在同一蒸馏所内，将柔和型朗姆酒同浓烈型朗姆酒混合制取的方法。

中间型朗姆酒的特征是既保存了柔和型朗姆酒本来的风味和芳香，又没有像浓烈型朗姆酒那样强烈的特性。

（3）朗姆酒的产地。柔和型朗姆酒是19世纪末期由于采用了连续式蒸馏机才生产出来的，是当时在古巴设有工厂的巴卡尔迪公司，此后，主要扩展到西班牙属殖民地，现在的主产地为波多黎各、巴哈马联邦、古巴、墨西哥等地。

浓烈型朗姆酒是在英属殖民地发展起来，现在，牙买加、圭亚那等为其主产地。

混合型朗姆酒则是在法属殖民地发展起来的，至今仍以法国海外省的马提尼克岛为其主产地，法属殖民地的瓜德罗普岛也生产该种酒。这样，法国的朗姆酒就分成了两个种类，其一，是将甘蔗的榨汁直接用水稀释制成的，这种酒允许标记为 agricole（农业生产品之意）。另一种，是用从榨汁中除去砂糖结晶之后的糖蜜制成的，这种酒用 industrial（工业生产品之意）进行标记，以示与前一种酒的区别。在标签中没有农业生产品标记的酒类则可以看成是这种酒类。这两种酒如果是用橡木桶熟成3年以上的，均可标记为 vieux（是陈年老酒的意思）。

（4）其他朗姆酒。在巴西生产的一种国民酒，被称为品佳（Pinga）。其制法是将甘蔗的榨汁在浑浊的状态下进行发酵，并进行单式蒸馏，用木桶熟成后，再用活性炭过滤处理，形成无色透明的产品，其副生成分较多，酒质较浓。另外，在东南亚有一种极为芳香的朗姆酒，它是在阿拉克（Arrack）有一种烧酒，使其糖蜜发酵，然后蒸馏制成的。在西班牙、南美各地还生产另一种以甘蔗为原料的烈性酒，用 Aguardiente de cana 的名称销售，这也可以看成是一种地方性的朗姆酒。

作为制造酒精的原料，糖蜜要比谷物的成本低，所以，作为生产工业用酒精的原料被广泛使用。而且，可将糖蜜蒸馏为95°以上的中性烈性酒。

（5）朗姆酒的著名品牌

1）百家地（Bacardi）。百家地朗姆酒产自波多黎各，它是所有朗姆酒中最优秀的品种，尤其是白牌百家地朗姆酒，它没有桶装朗姆酒的琥珀色，是无色透明的。现在我们一般在市场上见到的清淡型百家地朗姆酒是古巴生产的。

2）哈瓦那俱乐部（Havana Club）。哈瓦那俱乐部是古巴继百家地之后又一具有代表性的朗姆酒。它一般要在橡木桶中经过3年的酿制才出品，有十分顺口的辣味。

3）美雅士（Myers）。美雅士朗姆酒是牙买加生产的，它要经过8年成熟后才装瓶销售。

4）摩根船长（Captain Morgan）。摩根船长朗姆酒是波多黎各生产的，有黑色、白色、金色三个品种。

除以上朗姆酒品牌外还有老牙买加（Old Jamaca）、容里科（Ronrico）、科鲁巴（Coruba）、老橡木（Old Oak）、芬耐德斯（Fernandes）、巴丁耐特（Bardinet）等。

2. 特基拉酒（Tequila）

（1）特基拉酒简介。在世界闻名的烈性酒中，最富有个性的、并且给饮用者一种浪漫激情的，应当说是墨西哥的特产特基拉酒（又称龙舌兰酒）。特基拉酒与白兰地、威士忌、金酒、伏特加、朗姆酒并驾齐驱成为六大蒸馏酒之一，且闻名于世。

（2）特基拉酒的制造方法。特基拉酒是以龙舌兰（属于石蒜科的一种多肉种植物）为原料，将其茎糖化、发酵、蒸馏之后制成的。特基拉酒在墨西哥被称为玛盖依（Maguey），或者按照植物学家林奈的命名称之为阿加贝（Agave）。作为酒原料的龙舌兰，被使用的大致有三种，即美洲龙舌兰（Agave Americana）、暗绿龙舌兰（Agave atrovirens）、蓝龙舌兰（Agave azul Tequilana）。其中，可以将美洲龙舌兰和暗绿龙舌兰的体液进行发酵，制成一种被称为布尔凯（Pulque）的饮料饮用。如果一步将其蒸馏，又可制成一种被称为梅斯卡尔（Mez cal Mescal）的酒来饮用。布尔凯是一种自特尔蒂卡·阿斯蒂卡文明时代起就已被当地土著人广泛饮用。而梅斯卡尔则是在海拔高度比布尔凯产地较低的、温度却较高的地带生产，其生产地是阿卡普尔科等南部墨西哥太平洋沿岸和墨西哥城以北的中部墨西哥地区。据说，是16世纪来到该地的西班牙人把蒸馏技术带到了墨西哥。

与上述两种酒相比，特基拉酒则是用蓝龙舌兰制造的。蓝龙舌兰这种植物是1902年由植物学家威伯认定为龙舌兰的品种之一，是墨西哥第二城市瓜达拉哈拉附近的龙舌兰镇周围的特有品种。有一种说法是，在18世纪的中期（西班牙统治时代），在墨西哥西北的哈利斯科州龙舌兰村附近的阿马奇坦村，发生了很大的山火，在灰烬中有变得焦黑的玛盖依（龙舌兰）在滚动，它散发出的芳香使周围的村民感到十分惊奇，村民将其中的一个压碎一看，从中流出了朱古力色的汁液，品尝之后，发现有一种非常诱人的甜味，这是由于山火的热量使龙舌兰汁液的成分变成了糖分的缘故。于是，西班牙人榨出这种汁液，将其发酵、蒸馏，制成了无色的烈性酒。

此后，蒸馏工厂为了求得优质的龙舌兰而迁到了龙舌兰村，这里便成了最正宗的梅斯卡尔酒产地。制造特基拉酒采用近代的蒸馏技术始于1775年。据说，1873年梅斯卡尔酒首次越出了国境。1902年，威伯对此作出认定之后，这种用蓝龙舌兰制造的梅斯卡尔开始用特基拉酒（Tequila）的名称加以销售。

蓝龙舌兰的生长期大约为8～10年。由于其叶子呈现蓝绿色，所以被称为奥斯尔（azul，西班牙语蓝色的意思）。当其果实成熟的时候，叶子全部枯落，从根部可以掘出直径70～80厘米、质量为30～40千克的球茎，其形状犹如一个放大几十倍且变圆了的菠萝。真正特基拉酒的制造方法是将蓝龙舌兰果实切成两半后放入蒸汽锅中蒸熟，其球茎中含有的淀粉或菊糖之类的多糖类便被分解（糖化）。然后，再将球茎放在轧辊下进行破碎、压榨，再添加温水使其残存的糖分充分地榨出。以往是用驴拉着石臼将球茎压碎，然后将渣粕发酵。但现在则是仅仅取出糖汁，贮存于槽中使其发酵。之后，用单式蒸馏机进行二次蒸馏，只保留第二次蒸馏的形成 50°～55°的蒸馏液（在法律上禁止制取 55°以上的蒸馏液），通过炭层过滤除去杂味，然后，再放入不锈钢槽或橡木桶中。

首先，将存放在不锈钢槽中的蒸馏液经过短期贮藏之后，加水调制出香味，即基本具备了特基拉酒的特征。这种酒型在当地被称为布兰科特基拉酒，而在讲英语的地区则被称为白特基拉酒。其次，将装入橡木桶中的蒸馏液，经过 2 个月时间的熟成之后，就形成了金黄色特基拉酒，别名为莱波萨特特基拉酒（Tequia Reposado），这种酒略带黄色，并含有淡淡的桶香。在橡木桶中熟成 1 年以上的酒被称为陈纽赫特基拉酒（Tequia Anejo）。除了具有橡木桶的香味之外，特基拉酒所特有的那种强烈性和刺鼻的芳香性都有所减弱，变得较为柔和，这乃是该种酒的特征所在。

（3）特基拉酒的法律规定。按照墨西哥政府的规定，特基拉酒的原料必须使用蓝龙舌兰。如果使用了其他的龙舌兰，则只能以梅斯卡尔的名称出售。但是在特基拉酒中只要有 51% 以上的酒精是来自蓝龙舌兰即可，剩余的 49% 以下的酒精即使来自于砂糖也不违反规定。因此，有的厂家生产 100% 由蓝龙舌兰制造的特基拉酒，有的厂家则生产以砂糖为辅助材料的特基拉酒。

除此之外，1974 年政府规定特基拉酒的生产地，仅限于哈利斯科州、米却肯州和纳亚里特州。因此，在与这些地区相毗邻的萨卡特卡斯州、杜兰戈州、圣路易斯波托西州等各州用蓝龙舌兰制造的蒸馏酒则用皮诺思（Pinos）的名称进行销售。

（4）特基拉酒的著名品牌。特基拉酒的著名品牌有：奥尔买加（Olmaca）、科尔弗（Cuervo）、道梅科（Domeco）、海拉杜拉（Derradura）、玛丽亚西（Mariachi）、欧雷（Ole）、索查（Sauza）等。

六、其他蒸馏酒

1. 阿瓜维特酒（露酒，Aquavit）

阿瓜维特酒是以马铃薯为主要原料，通过麦芽进行糖化、发酵，然后进行蒸馏，最后用香草等增加香味的一种酒，是北欧各国的特产。在挪威称之为 Aquavit，在丹麦则被称为 Akvavit，在瑞典两种名称均可使用。正如其字义所标明的那样，这些名称都是由表示蒸馏酒的拉丁语 Aqua vitae（生命之水）演变而来的，这种酒的名称是最正统的。

关于阿瓜维特酒的最早记录，发现于 1467—1476 年的斯德哥尔摩市的财政报告中。根据这一报告，可以知道当时的阿瓜维特酒是用德国的葡萄酒蒸馏而成的，是类似于白兰地的一种酒。现在，瑞典的一种阿瓜维特酒被称为布林宾（Brannvin，煮过的葡萄酒）的一种酒，是该种酒流传到现在的一种标志。

进入 16 世纪之后，由于受欧洲气候寒冷化的影响，德国葡萄酒的生产量减少，生产阿瓜维特酒的原料变得短缺，于是原料开始向谷物转变。到 18 世纪，适合在寒冷地带栽培的，原产于美洲新大陆的马铃薯，开始在北欧普及，于是原料再次向马铃薯转换，这种状况一直持续到今天。由于这种烈性酒使生活在寒冷的北欧人们，从内心深处获得温暖，所以，自古以来就受到北欧地区人们的喜爱。

阿瓜维特酒的制造方法有两种：一种是通过糖化酵素（酶）来使其主要原料——马铃薯的淀粉糖化发酵的方法。另一种是通过麦芽来使其糖化发酵的方法。前一种方法会使马铃薯 100％变成阿瓜维特酒。

发酵后，用连续式蒸馏机制取酒精度为 95％以上的中性烈性酒。然后加水来调整酒精度，再加入草药、香草等再一次进行蒸馏。这种方法如果不考虑原料的差异，可以说与金酒非常相似。增加香味采用何种材料，这在不同的国家和不同的厂家是不一样的。但是，几乎所有的阿瓜维特酒都是用同一种原料，就是藏茴香。其他则有大茴香、小茴香、小豆蔻、茴香、莳萝等。与金酒相比，由于其香味的主体来自于香草，所以，有人将这种阿瓜维特酒称为香草烈性酒。

阿瓜维特酒一般不用装桶成熟，是在无色透明的状态下制成成品的，但也有用装桶熟成过的酒。这种酒呈现淡黄色或黄褐色。在这种用装桶熟成的阿瓜维特酒中，有一种恪守 18 世纪历史传统的酒型，就是利尼埃·阿瓜维特酒（Linie Aquavit，Linie 是赤道的意思）。当时运酒的船都是帆船，为了降低船的重心，除了其他商品之外，都是把阿瓜维特酒的酒桶装入下部船舱之中，往返于澳大利亚。两次通过赤道的阿瓜维特酒，颜色已经变成淡琥珀色，风味也通过熟成变得更为可口，从而受到人们的珍爱。现在的利尼埃·阿瓜维特酒也要经过较长时间的熟成，使其具有木桶的本色和可口的风味，并且成为这种酒的商品名。

在北欧各国，一般都是用雪柜将阿瓜维特酒冷却后直接饮用。饮用后，从里向外全身都是一种温暖的感觉，同时还能够增加食欲。还有一种饮用习惯就是和啤酒交替饮用,这样,喝啤酒时被冷却的胃就能重新感到温暖。

2. 科伦酒(Korn)

科伦酒是一种德国特产的蒸馏酒。其特征是无色透明,并且没有特殊的怪味。其原料为麦类等谷物。在德语中,把谷物叫做科伦(Korn)。由于是通过蒸馏谷物而制成的酒,所以,把这种酒称为 Korn brannt wein(意思是用谷物制造的白兰地),简称科伦。

根据欧盟 EU 的规定,所谓科伦酒就是:仅用小麦、大麦、燕麦、荞麦等谷物发酵、蒸馏出来的酒。或者是以小麦、大麦、燕麦、荞麦为原料的谷物烈性酒制造的酒,且不添加任何香味剂。

由于德国是欧盟的成员国,所以要遵守欧盟的规定制造酒类。德国国内的法律对酒精度数做了规定,一般的科伦酒的酒精度要在32°以上,德贝尔科伦酒(Doppel Korn)或者科伦布兰特(Korn Brannt)酒精度要在38°以上。这里的德贝尔(Doppel)相当于英语的Double(对、双的意思),但用在此处则表示,酒精度数比普通酒高的意思。

在科伦酒的标记中,往往要标示出所使用的主要材料,如 Roggen(黑麦)、Weizen(小麦)、Getreide(混合谷物)等。

另外,在德国,把类似于科伦酒的蒸馏酒称为修那普斯(Schnapps)。在金酒一节中所讲过的施塔因黑格酒就包括在修那普斯之中。也就是说凡是无色透明的、酒精度数较高的蒸馏酒都可以用修那普斯这一名称来统称。在这方面,邻国荷兰也一样。然而,在北欧斯堪的纳维亚半岛的各国中,除了这种酒之外,还包括阿瓜维特酒也被称为修那普斯。在这种情况下,由于包括了着色的阿瓜维特酒,所以就不单单是无色的透明酒了。在匈牙利等东欧各国,修那普斯这一名称是作为蒸馏酒一词来使用的。

3. 俄克莱豪酒(Okolehao)

俄克莱豪酒是夏威夷的特产酒,是以芋头(当地叫做 Ti)为原料的蒸馏酒,也称芋薯烧酒。

俄克莱豪在波利尼西亚语中是"铁屁股"的意思。据说在 1790 年,英国的蒸馏酒制酒商威廉·斯奇奔松旅游来到此地时,发现这里有丰富的芋头资源,于是便试着以芋头为原料来制造蒸馏酒。当时用捕鲸船的铁锅做了一个代用蒸馏锅,其形状使人联想到体态丰满的屁股,所以被称为"铁屁股"。现在,人们有时把它简称为欧凯(Oke)。

俄克莱豪酒的制造方法是:将波利尼西亚、密克罗尼西亚一带所盛产的芋头糖化、发酵之后,用连续式蒸馏机蒸馏,经过装桶熟成之后制成成品。夏威夷的当地人一般都是直接饮用,但对于更多的人来说,则往往掺入可乐或橘子水之后再饮用。

4. 阿拉克酒（Arrack Arak）

阿拉克酒是东南亚、中东一带所制的蒸馏酒的总称。据说其语源是来自阿拉伯语的 araq（果汁的意思），但也有其他不同的说法。

最初，阿拉克酒是用枣椰子的果汁发酵、蒸馏制造成的酒。以后，随着蒸馏技术的逐渐传播，人们开始尝试用各种原料来制造这种酒。目前，有各种各样的阿拉克酒，都是在不同的地区制造出来的，将其汇总一下，大致有以下几种：

（1）用枣椰子汁蒸馏的酒。

（2）将可可、椰子、聂帕榈的花茎切开所收集的汁液蒸馏制成的酒。

（3）用糖蜜蒸馏的酒（这种酒是与朗姆酒相同的酒类，只不过是名称不同而已）。

（4）用米（主要是糯米）蒸馏而成的酒。

（5）用蜜糖和糯米蒸馏而成的酒。

（6）用番薯蒸馏而成的酒。

5. 日本烧酒

所谓日本烧酒是将酒精含有物蒸馏之后制取的日本产蒸馏酒，分为甲类和乙类两种。从内容上来说，它是属于烈性酒一类的酒类，但由于涉及到酒税，所以在酒税上又做出特别的分类。

甲类烧酒是用连续式蒸馏机将酒精含有物加以蒸馏的酒类，其酒精度数不足36°。由于使用了连续式蒸馏机这种精巧的蒸馏机，所以制出的酒风味柔和。为此，从成本上考虑，原料往往是使用糖蜜，有时也使用薯类和谷物。将这些原料发酵、蒸馏，制取酒精度数为85°～97°的蒸馏液，然后加水勾兑，制成酒精度数不到36°的成品。

乙类烧酒是用连续式蒸馏机以外的蒸馏机将酒精含有物加以蒸馏的酒类，其酒精度数为45°以下。在现实中，其蒸馏机是使用单式蒸馏机。乙类烧酒也被称为纯正烧酒，产自日本九州南部和西南各岛。

从历史上来看，这种乙类烧酒的始祖可以说是在日本生产的最早的蒸馏酒。其制造方法是从东南亚经过海上运输传到冲绳的，并在15世纪后半期，在当地开始进行蒸馏。此外，有关1559年（永禄2年）在萨摩的大口村饮用烧酒的记录也流传下来。这是萨摩产的米制造的烧酒，估计在当时的平民之间是被广泛饮用的。据说，1705 年（宝永 2 年）从琉球一带到山川町的番薯是最早引种到萨摩的番薯。

此后，烧酒的制作传到了九州南部，在球磨和宫崎两个地方非常盛行。不久，用酒糟为原料的烧酒制造在九州北部、中部和四国等地传播开来。所有这一切都是用单式蒸馏机蒸馏的。日清战争后的 1895 年（明治 28 年），连续式蒸馏机从欧洲传入日本。能够制造相当于甲类烧酒是明治 40 年代（1910 年前后）之后的事情。当时这种新的酒被称为"新式烧酒"，而用原来单式蒸馏机制造的烧酒被称为"旧式烧酒"。这样，新式烧酒到现在就成了甲类烧酒，而旧式烧酒就成了乙类烧酒。

乙类烧酒由于采用单式蒸馏机制造，所以酒精以外的很多成分都被蒸馏出来了，这样一来，原料本身的差异就直接变成了酒的风味的差异，而且风味一般都比较浓烈。根据原料的不同，可将乙类烧酒分为泡盛、原浆烧酒（薯类烧酒、米烧酒、麦烧酒、荞麦烧酒、黑麦烧酒）、酒糟烧酒等三种类型。

（1）泡盛是冲绳特产的烧酒，仅用黑曲菌繁殖的米曲来制酒，用埋在土中的坛子进行长期成熟的酒叫做古酒，这种酒历来被人们所珍重。

（2）原浆烧酒是在米曲的原浆中加入番薯、大米、麦类、荞麦、黑糖糖蜜等，然后进行发酵、蒸馏的酒。这类酒有鹿儿岛县的番薯烧酒、熊本县球磨地方的米烧酒（球磨烧酒）、宫崎县的荞麦烧酒、奄美大岛特产的黑糖烧酒等。

（3）酒糟烧酒是在制造清酒剩下的酒糟中，加入稻壳，铺放在笼屉之中，然后通过蒸汽回收酒糟中的酒精。这种烧酒具有一种混有稻壳焦臭的强烈香味。有些地方称之为早苗飨烧酒。

七、中国白酒

中国白酒具有悠久的生产历史，品种繁多，风格独特，与世界其他地区的烈性酒相比，中国白酒有其自身独特的品格：酒液清澈透明，质地纯净，芳香浓郁，醇和柔润，刺激性较强。各种名酒佳酿又各有其独特的风味，因而深受国内外消费者的欢迎。

1. 中国白酒的特点

中国白酒产地辽阔，原料多样，生产工艺也不同。但是从原料到生产有以下几个共同特点：

（1）是以含有淀粉或糖分的物质为主要原料制成的酒。

（2）是以曲为糖化剂，糖化和发酵同时进行，即采用复式发酵法生产。

(3) 是固态发酵（部分小曲法为半固态）、固态蒸馏而成的酒，原料投产后，一般要经过多次糖化和发酵。

2. 中国白酒的主要生产原料

高粱、玉米、大米、糯米、大麦等是酿造中国白酒的主要原料。这些原料特点不同，酿成的酒品质风味也各不相同，酿酒人员所说的"高粱香，玉米甜，大米净，大麦冲"，十分简洁明了地描绘出了不同材料酿出酒品的不同风格。

(1) 高粱。高粱是中国酿造白酒历史悠久的原料，特别是用高粱生产的大曲酒，深受中国人民的喜爱。高粱经蒸煮后，疏松适度，熟而不黏，有利于固体发酵。高粱的皮壳含有少量单宁，经过蒸煮和发酵后，能给酒带来十分独特的风味。但如果含单宁量过多会妨碍糖化和发酵，并给成品酒带来苦涩味。

(2) 玉米。玉米又称为包米、包谷、玉蜀黍。因为玉米所含各种成分比较适宜，因而是极好的酿酒原料。我国很多地区都使用玉米作为酿酒原料。玉米蒸煮松而不黏。有利于固体发酵，但是玉米的胚芽中含有较多的脂肪，发酵过程中其氧化物会使酒产生异味，使酒味不纯净。因此，用玉米酿酒时最好将胚芽去掉。

(3) 大米。在我国南方地区多用大米为原料生产小曲米酒。大米质地纯净，无皮壳，蛋白质、脂肪含量较少，有利于缓慢地进行低温发酵。用大米生产的酒也较为纯净，并带有特殊的米香。因此，用大米生产的白酒又被称为米香型白酒。

(4) 大麦。大麦因其淀粉含量低，蛋白质和脂肪含量较高，不利于酿造口味醇正的白酒。所以，酿酒工人通常用大麦作为制曲原料，而很少直接用大麦生产白酒。

(5) 甘薯。甘薯也是常用的酿酒材料，人们通常把它晒成薯干，随时使用，薯干酿成的酒有十分明显的薯干味，此外，薯干含有较多的果胶质，容易生成甲醇，因此，在利用薯干酿酒时必须对原料严格筛选，并在工艺上采取相应措施，以保证成品的纯净。

生产中国白酒除了使用上述材料外，还经常使用一些辅助材料和代用材料，如米糠、稻皮、谷糠以及一些野生植物。

3. 酒曲

酒曲又称曲，是用谷物制成的发酵剂、糖化剂或糖化发酵剂。酒曲中含有大量的微生物，除常见的酵母菌外，还含有能起糖化作用的黄曲霉菌、黑曲霉菌，以及既能起糖化作用又能起酒化作用的根霉菌和曲霉菌。用酒曲酿酒可以使糖化和酒化两个过程结合起来，即糖化和酒化交叉进行，这种酿造法称为"复式发酵法"，这是我们的祖先在酿酒工业中的伟大发明，对后世的酒类、酒精等的生产有着极其重大的影响。

我国制曲酿酒具有悠久的历史，大约在殷商时代，我们的祖先就发明了曲。也就是说，早在3 000多年前我国就开始使用酒曲来酿酒了。随着社会的进步和生产的发展，酒曲的种类也在不断地增加和发展。目前，我国酿造白酒的酒曲大致有以下几种：

(1) 大曲。大曲的得名主要是其成品的形状像大砖块，故也称块曲，一般每块约重1 000～1 500克。大曲制曲的主要原料是小麦、大麦、豌豆和黄豆等谷物。采用自然繁殖生物的方法培制，在培曲过程中，从原料、水、空气、工具等自然带入了各种微生物。因此，大曲含有丰富的微生物，其中主要是毛霉、根霉、酵母菌、曲霉和大量的杂菌、细菌，大曲还含有各种酶类和氨基酸等，它既是糖化剂，又是发酵剂。用大曲酿出的白酒具有独特的曲香和醇厚的口味。我国许多名优酒品，如茅台、泸州老窖特曲、洋河大曲、双沟大曲等都是用大曲酿制而成。制曲过程中，根据控制曲胚的最高温度，大曲可分为三类：

1) 高温曲。在制曲过程中，最高温度在60～65℃，如茅香型大曲酒，是用高温曲酿成的。

2) 中温曲。在制曲过程中，最高温度在50～60℃，如五粮液、泸州老窖等都是用中温曲酿成的。

3) 低温曲。在制曲过程中，最高温度一般在40～50℃，如汾酒是用低温曲酿成的。

(2) 小曲。小曲是相对大曲而言，其体积小于大曲块。小曲形状各异，有圆形、方形，还有饼形小曲。小曲在制曲过程中加入了各种药材，因此又称为药曲。小曲的主要制曲材料是米、米糠和小麦等。

小曲的菌种是自然选育培养的，其原料处理和配用药材都是给菌种的繁殖提供有利条件，再经过曲母接种，就保证了其大量繁殖。小曲中的菌种有用于糖化的根霉、毛霉、黄曲霉、黑曲霉等，还有用于发酵的酵母菌。因此，在酿酒时，小曲兼有糖化和发酵双重作用。小曲酿酒，用曲量少，在气温较高的地区用小曲酿酒最为适宜，我国长江以南各省普遍采用小曲酿酒。用小曲酿成的酒，香气清雅，口味醇甜。小曲种类较多，主要用来酿造黄酒，但也可用来酿造白酒，如桂林三花酒、广东玉冰烧等都是用小曲酿成的。

(3) 麸曲。麸曲是用麸皮制成的，故又称麸皮曲，由于生产的周期短,又称为快曲。麸曲是由人工培育的菌种(主要是曲霉)制成的糖化剂,酿酒时要加入酵母。由于麸曲菌种比较单纯,酿成的酒不及大曲酒香气浓郁,但选择正确可以提高出酒率。因此,一些酒厂采用多种菌制成麸曲,使酒的风味接近大曲酒。用麸皮制曲还可以节约粮食,成本低廉,不受季节限制。

除上述三种酒曲外,还有酒漕曲、纤曲和液体曲等。

4. 中国白酒的香型及名品

中国白酒生产工艺十分独特,生产方法也不一样,酒品中所含成分复杂,香气成分丰富,在生产工艺的发展中逐步形成了几种典型的香型,自然地将中国白酒分成了几大类。根据中国合成白酒香型的物质不同,中国白酒的香型可分五种,即酱香型、清香型、浓香型、米香型和兼香型。

(1) 酱香型。酱香型白酒的成香成分十分复杂,但主要是由酱香、窖底香和醇甜香三类成分融合而成。酱香型白酒具有香而不艳,低而不淡,酒体完美,香气幽雅细腻,口味丰满协调,余香持久净爽,回味绵长等独特风格。酱香型白酒采用高温制曲,堆积发酵等工艺,采用二次投料,1年为1个生产周期,取酒后精心勾兑并陈酿3年以上而成。在酱香型酒品中酱香是其主体香。其主要品种有:

1) 茅台酒。酱香型白酒以贵州茅台酒为代表,因此,酱香型又称为茅香型。被誉为"玉液之冠"的国酒茅台以其极高的品质数次荣获国际质量金奖,是历届国优名酒。茅台酒的生产讲究酿酒材料要粗,入池水分要低,酒体完美,丰满醇厚,余香持久,空杯留香不绝,使人感觉低而不淡,香而不艳,醉而不昏。

2) 珍酒。珍酒也属酱香型,由贵州省遵义市珍酒厂生产,该酒酒质稳定,风格独特,酒液清澈透明,酱香突出,幽雅圆润,醇厚丰满,回味悠久,空杯留香持久。珍酒香味淡雅细腻,协调,不冲鼻,更无单一而强烈或不协调的香精味或其他异味。

3) 郎酒。产自四川省。酱香型53°郎酒具有酱香浓郁、醇厚净爽、幽雅细腻、回味悠长等独特风格。曾多次在国内获奖,与茅台酒有"姐妹酒"之称,在国内外享有盛誉。以39°低度郎酒作基酒,降低酒度后精心勾兑而成,具有酱香纯正、低而不淡、留香长久等特色。

此外,酱香型名酒还有:贵州仁怀县赖茅酒厂的赖茅酒;湖南常德县的武陵酒;江苏泰州的梅兰春;山东济宁的黔任春等。

(2) 浓香型。浓香型白酒以四川的泸州老窖和五粮液为代表,又称

第一单元　酒水知识

为泸香型或窖香型。浓香型白酒主要是以老窖为发酵生香基地，老窖中的乙酸菌、丁酸菌等，是生产乙酸乙酯、丁酸乙酯等浓香型白酒的主体香成分。主体香与其他香体成分的平衡协调，可以勾兑出许多浓香型名酒。该类香型的酒酿造工艺变化不大，但酿酒的酒窖越老，窖内微生物越多，发酵效果也越佳，生产出的白酒也就越好。浓香型白酒芳香浓郁，绵厚甘洌，入口甜，落口绵，收尾干净。有其突出特点的酒品种较多，泸州老窖大曲、五粮液、洋河大曲、古井贡酒、剑南春等皆属此类。

1）泸州老窖大曲。泸州老窖大曲酒在全国浓香型白酒中是历史最长、出名最早的酒品。泸州老窖大曲风格独特，具有醇香浓郁，饮后幽香，清洌甘爽，回味悠长等特点，被称为"浓香正宗"和"酒中泰斗"。泸州是我国生产大曲最早的地区之一，泸州的老窖代代相传，连续使用时间之久，全国罕见，有史考证已达400多年。早在1915年，泸州老窖大曲就以其优良的品质，获得巴拿马金奖，目前，泸州曲酒产品已有几十个包装系列。

2）五粮液。五粮液是四川宜宾五粮液酒厂出品的中国名酒。五粮液酒厂拥有数口600余年历史的老窖泥池，精选红高粱、糯米、大米、小麦和玉米作酿酒原料，吸取五谷之精华，余香不尽。酿酒时，取岷山江心之水，用陈曲老窖发酵70天以上，并用柔熟陈泥封窖精心制作，一丝不苟，从而使五粮液一直保持其优秀品质。五粮液酒的特点可用4句话来概括，即"取五粮之精英，获历史之酵母，享独厚之地利，得勾兑之人杰"。1979年，酒厂推广优选法，生产出酒精度35°～38°的低度五粮液，并保存了此酒的"香、醇、甜、净"四美皆备的特点。

3）洋河大曲。洋河大曲由江苏省泗阳洋河酒厂生产。洋河大曲已有300多年的历史，早在1915年参加巴拿马国际博览会时就荣获金质奖章。1923年，在南洋国际名酒赛会上获"国际名酒"称号。浓香型的洋河大曲精选优质高粱为原料，用小麦、大麦、豌豆培养的高温大曲为糖化发酵剂，以千年古井"美人泉"为酿酒用水，采用老窖发酵，延长发酵期等传统工艺和新技术、新工艺，使洋河大曲日趋完美，形成了入口甜、落口绵、尾爽净、回味香等独特风格。目前，洋河大曲有18°、28°、38°、48°、55°、60°等多种酒精度不同的产品，实现了酒精度的系列化和包装规格系列化。

4）古井贡酒。古井贡酒系安徽亳县古井酒厂生产的中国名酒。古井贡酒选用优质伏地高粱作原料，大麦、小麦、豌豆制曲作糖化发酵剂,以传统的"老五甑"操作法为基础,结合现代酿酒科技生产而成,酿酒用的古井泉水清澈透明,饮之微甜爽口,酿出的酒酒香浓郁。古井贡酒色清透明,窖香浓郁,绵甜甘爽,酒体协调,芳香味醇,入口浓厚,回味深长。专家评价是:"颜色清澈如水晶,香醇如幽兰,入口甘爽醇和,回味经久不息。"在第二、第三、第四届全国白酒评比中蝉联国家名酒称号。

5)剑南春。剑南春由四川绵竹剑南春酒厂生产。剑南春以其"芳香浓郁,醇和回甜,清洌净爽,余香悠长"的独特风格,蝉联国家名酒称号,并荣获国家质量金奖。剑南春成功的秘诀是:"水是根本,窖是基础,曲是动力,勾兑是保证,工艺是关键。"也就是说,将传统工艺和现代科技结合起来酿制出了名酒剑南春。

6)双沟大曲。双沟大曲酒以酒香浓郁,口味醇正,入口甜美醇厚,回香悠长而著名。该酒选用优质高粱为原料,以大麦、小麦、豌豆制成的高温曲为糖化剂,采用人工培养老窖,低温缓慢发酵,回沙发酵,缓火蒸馏,分段品尝,分级贮存,合理勾兑等工艺,使产品质量不断提高。双沟大曲已有200多年生产历史,多次被评为国家优质名酒。

7)全兴大曲。四川成都酒厂生产的全兴大曲在继承全兴老号世代相传的精湛技艺基础上,博采众长,融合提炼,自成一家。以"浓而不艳,雅而不淡,醇甜尾净"的独特风格荣获全国名酒称号,并以"窖香浓郁,醇和协调,绵甜甘洌"的鲜明特色荣获国家金质奖章。

浓香型白酒可谓品种繁多,除上述几种酒品外,其他还有:湖南的德山大曲、安徽的口子酒、河南伊川杜康酒、四川宜宾的梦酒、山东曲阜的孔府家酒、四川邛崃的文君酒等。

(3)清香型。清香型酒以山西杏花村汾酒为代表,故又称汾香型。清香型酒用大麦、豌豆为原料制曲,采用清蒸清烧两遍,固体连酵工艺生产,酒气清香芬芳,醇厚绵软,甘润爽口,酒味纯净,代表了中国白酒的传统风格。该类酒品的主体香成分是乙酸乙酯和乳酸乙酯。其主要品种有:

1)汾酒。汾酒因产于山西省汾阳县而得名。酒厂位于城东北的杏花村,据县志和有关史料记载,杏花村的酿酒业已有1 500多年的历史,唐朝大诗人杜牧也在诗中盛赞杏花村美酒,留下了"借问酒家何处有,牧童遥指杏花村"的千古名句。汾酒以晋中平原栽培的高粱为原料,用大麦、豌豆制成的"青茬曲"为糖化发酵剂,以当地的古井和深井水为酿造用水,并采用"地缸"发酵,保持了传统的特点。1915年,在巴拿马万国博览会上，汾酒以其独特的风格荣获一等优胜金质奖。悠久的传统工艺，现代的科学技术，优越的自然环境，无色透明、清香雅郁、入口醇厚、绵柔、甘洌、余味净爽、回味悠长是汾酒的特色。此外，汾酒清洁卫生，优雅醇正，绵甜味长，"色、香、味"长期以来被人们称为汾酒的三绝。近年来，山西杏花村酿酒业形成了集团化生产形式，并开始向高档化、系列化、低度化发展，酒品降度不降质。从过去的60°降到了53°，48°，38°等品种，降度后的汾酒依然保持了传统汾酒无色、清亮、透明、入口绵、落口甜、饮后余香、味感纯的清香型的白酒的特色。

2）六曲香酒。山西省祁县酒厂生产的六曲香酒也属于清香型白酒中品质较高的酒品。该酒清香馥郁，味绵软，醇和爽口，具有北方白酒的特点。

此外，清香型的白酒还有山西杏花村汾酒厂的特制北方烧酒、清香大曲，辽宁沈阳的关东雪以及河南宝丰县的宝丰酒等。

(4) 米香型。米香型白酒醇香清柔，幽雅，纯净，入口绵甜，回味怡畅。米香型白酒采用一等大米为原料，酒体的香气组成是乳酸乙酯。米香型白酒，主要是采用小曲发酵，这种发酵方法是由传统的"酒酿"酿造法发展而来，和匀过程中把小曲（根霉曲）粉末均匀地铺撒在蒸熟的大米中和匀，然后放入发酵池使根霉曲繁殖，同时糖化，使米变甜，小曲内的酵母菌在发酵过程中也随之繁殖，待酒精发酵完毕后蒸馏，从而生产出醇和绵甜的白酒。米香型白酒主要产于我国南方稻米盛产区，著名的酒品有：广西桂林的三花酒、广东五华县的长乐烧、广东石湾酒厂生产的豆豉味玉冰烧、湖南浏阳河小曲、岳阳小曲以及广东全州湘山酒等。

1）桂林三花酒。桂林三花酒已有200多年的生产历史，沿用了以摇动酒液的方法来观察酒液起花的多少和时间的长短来鉴定酒质量的方法。酒花细、堆花久的为上品，最好的可以堆三花，故名三花酒。桂林三花酒取漓江上游之优质水源，采用桂北高淀粉、低杂质的优质大米为生产原料，并使用桂林特产香酒草药制成的具有特殊香味的"药曲"，酿造了清亮透明，蜜香幽雅，入口香醇、清洌、甘爽、回甜，饮后留香的米香型白酒。贮存半年至两年后，用大陶缸封放在象山岩洞中，因洞中凉爽、温润，温度变化很小，使酒质更加醇香。桂林三花酒多次被评为国家名酒。

2）长乐烧。广东五华县的长乐烧是香型白酒的典型代表，该酒具有300多年的生产历史，选用优质的糙米作原料，小曲采用自制的药饼，生产工艺为半固体发酵，同时保留了接水、醅翻、封醅等传统操作法，生产出的白酒色泽清澈透明，米香浓郁，入口清爽，醇厚甘润，绵柔味长，1979年被评为全国优质名酒。

3) 玉冰烧。玉冰烧是广东著名特产，又称肉冰烧。因用肥肉和冰糖陈酿而得名。玉冰烧具有200~300年的生产历史，不同地区的生产方法略有区别。一般的生产方法是先将酿造好的米酒酒精度调整到30°~40°，然后将浸泡去皮并蒸熟的肥肉块放入酒缸中，使肥肉脂肪缓慢地被酒溶解，以促进酒的陈体，浸泡时间一般在1个月以上。浸泡时，加入1%左右的冰糖，以改善酒的口味。酒和肉浸泡到预定日期后，将酒抽出，进行沉淀并去除表面浮油并勾兑、过滤和包装成酒。玉冰烧酒无色透明或呈微淡黄色，无悬浮物或沉淀物，入口醇滑，柔和适口。在广东地区，比较著名的玉冰烧酒品有佛山石湾酒厂的豉味玉冰烧，该酒透明澄清，芳香可口，入口醇滑，具有浓厚的米香味和豉肉香气，1850年开始生产，远销于港澳和东南亚地区。

4) 浏阳河小曲。浏阳河小曲酒由湖南浏阳县酒厂生产。浏阳河小曲酒始创于明代中叶，清初时期曾以"色、香、味"俱佳盛誉湘中、湘东一带，新中国成立后，传统名酒得到迅速发展，浏阳河小曲因采用浏阳河畔天马山下四季长流的清泉作为酿造用水而得名。小曲酒选用优质大米为原料，特制药曲为糖化发酵剂，在继承传统生产工艺基础上结合现代科学技术，精心酿制而成了自己独特的风格。

(5) 兼香型。兼香型又称复香型、混合型、凤型，是指兼有两种以上主体香的白酒。这一类香型的白酒在闻香、口香和回味香上各有不同的香气，具有一酒多香的风格。比较著名的兼香型白酒品种有贵州的董酒、陕西的西凤酒等。

1) 董酒。董酒产于贵州遵义董酒厂，原名董公寺窖酒，至今已有几百年的生产历史。它采用优质高粱为原料，以大娄山脉地下泉水为酿造用水，小曲小窖制成酒醅，大曲大窖制成香醅，酒醅香醅串蒸而成，生产工艺简称为"两小、两大、双醅串蒸"。董酒独特的酿造工艺形成了其与众不同的独特风格，既有大曲酒的浓郁芬香，又有小曲酒的柔绵、醇和、回甜，还有淡雅舒适的药香和爽口的微酸。

2) 西凤酒。西凤酒是我国最古老的历史名酒之一。据考证，西凤酒的酿造始于周秦，盛于唐宋，至今已有2 000多年的历史。它以大麦、豌豆做曲，采用优质高粱为原料，配以甘甜美味的柳林井水，用土窖发酵 14 天，混蒸混烧而得新酒，再经"酒海"贮存 3 年，精心勾兑而成。西凤酒继承和发扬了精湛的传统酿酒技艺，保持了独特的风格，酒香秀雅、醇厚和谐，其"回味愉快，不上头，不干喉"的三大特点被誉为"西凤三绝"，享有很高声誉。西凤酒清香适宜，香气醇正，入口绵柔，落口甘爽，尾净余长，各味谐调，独具特色，饮用西凤酒时，会明显感觉到酒体非常丰满，酒香文雅细致，酒质特别细腻顺口，其风格讲究清而不淡，浓而不艳，将清香、浓香型白酒的优点融于一体。因而人们把西凤酒称为"凤香型"白酒，其酸、甜、苦、辣、香诸味和谐，均不出头。西凤酒以其独特的风格多次荣获国家名酒、优质酒称号。1910 年，西凤酒代表中国名产参加了南洋劝业赛会，荣获银质奖，1915 年，在巴拿马万国博览会上又获得了国际金奖，从此西凤酒名声大振。目前，西凤酒不仅畅销国内各省市，而且远销日本、东南亚各国。

以上五种香型的白酒无论在品质和香体成分上都有十分明显的区别，各具特色，但在同一类香型中的酒也并非完全一样，而是各有各的特点，各有各的品味，如：同属于浓香型的五粮液、泸州老窖特曲、古井贡酒和洋河大曲等，它们的香气和风味都有显著的区别，各有其香韵。这主要是因为不同的酒品，其主体香味成分及其含量各有不同，加上其他香味成分的影响，从而导致了各酒品之间的差异，也是形成酒品的个性和独特风格的主要因素之一。此外，中国白酒的香型也不仅仅局限于上述五类，今后，随着我国酿造科技的迅速发展，我国白酒会涌现出更多具有独特风格的酒品。

第三节　配制酒

一、配制酒的定义与分类

配制酒通常以酿造酒、蒸馏酒为基酒加入各种酒精或香精而成。配制酒的名品多来自欧洲，其中以法国、意大利等国最有名。配制酒的品种繁多，风格各不相同，主要可以归纳为开胃酒、甜食酒和利口酒三大类。

二、开胃酒（Aperitif）

开胃酒又称餐前酒。开胃酒的名称源于专门在餐前饮用的能增加食欲的酒。开胃酒的概念比较含糊，随着饮酒习惯的演变，开胃酒逐渐被专门用于以葡萄酒和某些蒸馏酒为主要原料的配制酒，如味美思（Vermouth）、比特酒（Bitter）和茴香酒（Anise）等。开胃酒大约在公元前400年就流行了，当时，酿造这些酒的是药剂师，主要提供给皇家贵族们饮用。因为他们认为这些酒是长生不老药。不过，因为开胃酒酿酒的香料、草药有40多种，所以开胃酒确实具有一定的药效。意大利和法国是世界上两大著名的开胃酒产地。

1. 味美思（Vermouth）

味美思酒是以葡萄酒为基酒，并加入各种植物的根、茎、叶、皮、花、果实以及种子等芳香物质酿造而成。因这种酒中加入了苦艾草（Wormwood），因此人们也称它为苦艾酒（Vermouth）。味美思以意大利、法国生产的最为著名。

味美思的酿造工艺。味美思是加香葡萄酒中最闻名的品种。一般来说味美思是以葡萄酒为基酒，调配各种香料（包括苦艾草、大茴香、苦橘皮、菊花、小豆蔻、肉豆蔻、肉桂、白芷、白菊、花椒根、大黄、丁香、龙胆、香草等），经过搅拌、浸泡、冷却澄清等过程调配而成。根据不同的品种，调配方法也各异，如白味美思酒还需加入冰糖和食用酒精或蒸馏酒，红味美思再加入焦糖调色。味美思的制作方法有三种。

（1）白味美思（Vermouth de Blance 或 Bianco）。白味美思的色泽金黄，香气柔美、口味鲜嫩。含糖量在10%～15%，酒度18°。

（2）红味美思（Vermouth de Rouge 或 Rosso）。红味美思色泽呈深红色，香气浓郁，口味独特，是以红葡萄酒为基酒，并且加入玫瑰花、柠檬和橙皮、肉桂等许多香料酿成。含糖量15%，酒度18°。

（3）干味美思（Dry Vermouth 或 Secco）。干味美思根据生产国的不同，颜色也有差异，如法国干味美思呈草黄或棕黄色；意大利干味美思是淡白、淡黄色。干味美思含糖量均不超过4%，酒度18°。

味美思最著名的有两个品种，即甜型和干型。甜型味美思酒，香味浓，葡萄味较浓，含葡萄酒原酒75%，喝后有甜苦的余味，略带橘香，以意大利生产的最为著名。甜味美思是调制曼哈顿鸡尾酒的必备材料。为了配合其甜味，意大利味美思的酒标多为色彩艳丽的图案，分红、白两种。著名的品牌有：马丁尼（Martini）、仙山露（Cinzano）、甘希雅（Cancia）。干型味美思涩而不甜，含葡萄原酒至少80%，以法国产的最有名，它也是调制马丁尼鸡尾酒的绝佳配料。名品有：杜法尔（Duval）、榭百丽（Chambery）、诺丽·普拉（Noilly Prat）、马天尼（Martini）、仙山露（Cinzano）等。

2. 比特酒（Bitter）

比特酒是从古药酒演变而来的，至今仍保留着药用和滋补的效用。

比特酒品种繁多，有清香型比特酒，也有浓香型比特酒；有淡色比特酒，也有深色比特酒；有比特酒，也有比特精（不含酒精成分）。各种比特酒之间有一个共同的特点，那就是它们的苦味和药味。

比特酒是用葡萄酒和食用酒精作为基酒，调配多种带苦味的花草及植物的茎、根、皮等制成。现在比特酒的生产越来越多地采用酒精直接与草药精勾兑的工艺。酒精含量一般在16%～40%之间，有助消化、滋补和兴奋的作用。

世界上比较著名的比特酒主要产自意大利、法国、荷兰、德国、英国、匈牙利等国。下面介绍若干著名比特酒：

(1) 金巴利（Campari）。金巴利产于意大利的米兰（Milano），它是最受意大利人欢迎的开胃酒。其配方已超过千年历史。它是用橘皮、金鸡纳霜及多种香草与烈酒调配而成。酒液呈棕红色，药味浓郁，口感微苦而舒适。金巴利的配制原料中有橘皮和其他草药，苦味来自于金鸡纳霜，酒度26°。金巴利有多种喝法，其中以金巴利加橙汁、西柚汁，金巴利加汤尼水，金巴利加苏打水的喝法最为流行。

(2) 杜本内（Dubonnet）。杜本内产于法国，是法国最著名的开胃酒之王。它是用金鸡纳树皮及其草药浸制在葡萄酒中制成的。酒液呈深红色，苦味中略带甜，风格独特。杜本内有红、白两种，以红杜本内最出名，酒度16°。

(3) 安哥斯特拉苦精（Angostura）。安哥斯特拉苦精是一种红色苦味剂，由委内瑞拉医生西格特（Siegert）在1824年发明，起初是用于退热的药酒，现广泛作为开胃酒。在特立尼达和多巴哥等地生产。它是世界上最著名的苦味酒之一。以朗姆酒作基酒，以龙胆草为主要调配料，配制秘方至今被分成四部分放在纽约银行的保险柜中。此酒药香怡人，经常用来调配鸡尾酒。

(4) 佛耐·布兰卡（Fernet Branca）。佛耐·布兰卡产于意大利的米兰，是著名的苦味酒之一，此酒号称"苦酒之王"，酒精度为40°，尤其适用于醒酒和健胃等，还可配制混合酒。

(5) 西娜尔（Cynar）。西娜尔又被译成菊芋酒，产自意大利，是著名的比特酒之一。它是由蓟和其他草药浸泡在酒中配制而成，蓟味很浓，微苦，酒度为17°。

(6) 苏兹（Suze）。苏兹是产自法国的比特酒。它的配制原料主要是龙胆草的根块。酒液呈橘黄色，口味微苦、甘润，糖分含量20%，酒度为16°。

（7）亚玛·匹康（Amer Picon）。亚玛·匹康是产自法国的著名比特酒。它的配制原料主要有金鸡纳霜、橘皮和其他多种草药。酒液酷似糖浆，但它是以苦味著称的，饮用时加入其他饮料，酒度为21°。

3. 茴香酒（Anises）

茴香酒顾名思义是与茴香有密切的关系，茴香酒是用茴香油与食用酒精或蒸馏酒配制而成。45°酒精可以溶解茴香油，茴香油一般从八角茴香和青茴香中提取，前者多用于制作开胃酒，后者多用于制作利口酒。

由于茴香酒中含有一定的苦艾素，它曾在一些国家中几度遭禁。目前世界著名的茴香酒有含苦艾素的，也有不含苦艾素的。茴香酒以法国生产的较为著名。

茴香酒有无色和染色之分，酒液视品种的不同而呈不同的颜色。一般茴香味很浓，馥郁迷人，口感不同寻常，味重而刺激，酒度在25°左右。比较出名的法国茴香酒，其主要品牌有：理察（Ricard）、潘诺（Pernol）、巴斯的士（Pastis）、白羊倌（Berger Blanc）等。

其他比较著名的开胃酒还有：希腊的乌朱（Ouzo）、意大利的辛（Cin）、法国的基尔（Kir）、意大利的亚美利亚诺（Americano）等。

三、甜食酒（Dessert Wines）

甜食酒因西餐中配最后一道甜食时饮用的酒品而得名。其主要特点是口味较甜。通常是葡萄酒作为基酒。这种酒的酒精含量超过普通餐酒的一倍，开瓶后仍可保存较长的时间。甜食酒又称为强化葡萄酒，常见的有雪利酒、波特酒、玛德拉、玛撒拉等。

1. 雪利酒（Sherry）

（1）雪利酒简介。雪利酒又称谐利酒，是西班牙的国酒。雪利这个名字是由西班牙语Jerez英化而来。在西班牙南部海岸，靠近直布罗陀的西面，有一个叫Jerez dela Fronters的小镇。这个小镇西北方有一个富含石灰质成分的三角形土地，非常适合一种叫巴罗米诺（Palomine）的葡萄生长，雪利酒就是以这种土生的白葡萄为原料而酿制的。

西班牙人能够酿制出这样好的雪利酒，与历史上曾一度统治西班牙的摩尔人有关。当摩尔人占领西班牙惹丽城后，在修建回教寺院和皇宫的同时，又建造排水系统，并大量种植葡萄。摩尔人信奉回教，本身是不喝酒的，但他们很会做生意，并懂得如何酿酒。他们把大量葡萄酒销售到内陆和海外,特别是英国。雪利酒的名声就这样传播出去。

西班牙政府对雪利酒的定义规定得很严格,只有采用"金三角"地区生产的葡萄酿造的酒,才有资格被称为雪利酒,采用其他地方的葡萄酿造的酒,即使是葡萄品种与"金三角"地区的相同,也不可以自封为雪利酒。这个金三角地带刚好是由三个名城——惹丽、珊路卡和波图组成的。由于这一带葡萄长得特别好,所以用这里的葡萄酿制的雪利酒就自然成为极品了。

(2) 雪利酒的酿造方法。西班牙种植葡萄的土壤分为三个类型:微白垩土壤、沙土和矿泉泥。其中,以微白垩土壤最富典型性。在这种土壤上种植的葡萄,酿制出来的是最好的雪利酒。

酿制雪利酒的葡萄品种是巴罗米诺、非奴巴罗米洛和白得洛斯麦勒,另外还有少量的玫瑰香葡萄。在这三个品种中,巴罗米洛葡萄占全地区的85%～88%。生产雪利酒需要85%～88%的巴罗米洛葡萄,如果生产高品质的雪利酒,这个品种的葡萄用量则高达98%。采下葡萄后,为了榨取浓汁,要先在草席上暴晒1～2天,然后将压榨出的果汁倒入长有菌膜的木桶中进行发酵。雪利酒的第一次发酵时间为3～7天。经过这段时间后,约3个月开桶塞,敞开桶口,让空气进入桶内,葡萄酒自由接触空气。当发酵作用将完毕时,雪利酒是干性的,也就是说所含糖分都已转变为酒精。在第2年的1月或2月,将酒从桶中抽出,经过嗅尝,评定质量,分出档次,决定应该向哪一种类型进行处理,即:是做成为干性轻质的菲诺雪利酒,还是丰满的奥罗露索雪利酒。如果在酒液上出一层"酒花",呈灰色泡沫层铺盖在液面时,则是菲诺类型雪利酒的特点。反之,奥罗露索雪利酒就没有这种酒花,或者只有很少一点。在这种情况下喷洒一些白兰地可以将其消除。等葡萄酒重新出现变为菲诺或奥罗露索的趋势时,就可将酒抽出来,盛入另一个木桶中,做一次换桶工作。在这时要取出酒样,检查酒度。如果有不足规定的指标,就应逐渐添加白兰地酒精使其酒精度提高到预定的程度。如将来要制作成菲诺类型的雪利酒,则应将酒精度调整至16°;如果制作成奥罗露索类型的雪利酒,则应将酒精度提高到17°～18°。此时添加酒精的手续,是最后区别雪利酒两个典型的具体方法。

雪利酒在专门的贮酒库中通风、通气,经过一段时间的贮存。雪利酒的贮存采用十分特殊的陈酿方式,逐年换桶陈酿。这就是著名的"烧乐腊"(Solera)法。雪利酒陈酿15～20年时,质地最佳,各项风格的指标也到了顶点。一般说来达到规定的酒龄(一般为3年),即可对酒进行有关方面的后处理，如调配、杀菌、澄清、装瓶等。同时也可做成其他类型的雪利酒。

（3）雪利酒的种类及特点。西班牙的雪利酒有两大类：菲诺（Fino）、奥罗露索（Oloroso），其他品种均属这两类的变型酒品。

1）菲诺雪利酒（Fino）。菲诺类雪利酒以清淡著称。酒液淡黄而明亮，是雪利酒中色泽最淡的酒品。其香气精细而优雅，给人清新之感，酒精度 17°～18°，属干型、口感干洌、清爽、新鲜。此类酒品常被用做开胃酒，实际上佐以小吃或配汤都可以，需冰镇后饮用。常见的菲诺类雪利酒有以下几种：

①阿蒙提拉多（Amontillado）。阿蒙提拉多雪利酒用途最广，销路最好，是菲诺类中的一个品种。它属于陈年的菲诺类雪利酒，呈琥珀色，至少要陈酿8年，有绝干型、半干型。香气带有核桃仁味，口感干洌而清淡，酒精度在16°～18°之间。

②曼赞尼拉（Manzanilla）。它是西班牙人最喜爱的酒品。酒液微红，清亮，香气温馨醇美，口感干洌、清爽、微苦，常伴有杏仁的回香，酒精度在15°～17°之间。陈酿时间短的称为Manzanilla Fina，陈酿时间长的称为Manzanilla Pasada。

③泼尔玛（Palma）。泼尔玛雪利酒是菲诺的出口学名，分为四档，档数越高，酒越陈。

2）奥罗露索雪利酒（Oloroso）。"Oloroso"西班牙语意为"芳香"，有"芳香雪利酒"之称。酒液呈黄棕色，透明度极好。香气浓郁扑鼻，具有坚果香气特征，而且越陈越香。口味浓烈，柔绵，干洌中有甘甜之感，酒度一般在18°～20°之间，酒龄较长的酒度可达到24°～25°。天然的奥罗露索雪利酒是干性的，但有时也添加糖，而仍以奥罗露索名称出售，这种酒是特用来代替点心（或佐甜食）或饮咖啡前后喝的。但很多人喜欢把它当做晨间的兴奋剂或午后、晚上的饮料，如果用它来做开胃酒，则需做冰镇处理。常见的奥罗露索类雪利酒有以下几种：

①阿莫露索（Amoroso）。它是一种甜雪利酒。酒液呈深红色，口味烈，酒劲大，甘甜，深受英国人喜爱。

②乳酒（Cream Sherry）。乳酒是极甜的奥罗露索类雪利酒，首创于英国。酒的香气浓郁，口味甜。常用于代替波特酒而在餐后饮用。此酒在全世界的销量较大。

以上介绍的各种雪利酒中，有很多世界知名的酒牌，如：山地门

(Sandeman)、克罗夫特（Croft）、公扎雷·比亚斯（Gonzalez Byass）等。

2. 波特酒（Port wine）

（1）波特酒简介。若是说雪利酒是西班牙的国酒，那波特酒便是葡萄牙的国酒了。葡萄牙人在杜罗（Douro）河谷种植葡萄并酿制波特酒已经有300多年的历史了。随着葡萄牙帝国声威的远播，波特酒也名扬海外。杜罗河向东流向西班牙经波尔图港出海，大批葡萄就种植在该流域一带较陡的梯田斜坡上。这些葡萄长得非常茂盛，并有着令人满意的颜色，因此杜罗区是葡萄牙盛产波特酒的宝地。

当葡萄成熟后，杜罗河畔的妇女们即肩负藤筐去葡萄园采摘，他们把采来的葡萄放入石制巨缸内，用脚将葡萄踩烂，榨出果汁并使其发酵，在发酵尚未完全完成之前加入适量白兰地，过滤后将酒液放入橡木桶，贮存至一定的时间，然后即运输出口。波特是葡萄牙的第二大城市，也是一个著名的港口。葡萄牙生产的葡萄酒大都是集中在这个城市里进行调配和包装，然后出口。因此这个地名就成了甜葡萄酒的代名词，只要一提起"波特"这个名字，人们便会想到葡萄酒。

（2）波特酒的酿造。波特酒是采用葡萄牙杜罗河谷的葡萄品种酿制而成的。葡萄必须完全成熟，采摘时要剔除霉烂变质的葡萄，并尽量小心避免碰伤。一般在葡萄破碎时，在每升葡萄浆中加入约100毫克的二氧化硫，并加热到50℃大约24小时，或者瞬时加热到60℃，甚至80℃，保持2～3分钟。发酵可采用野生或人工培养酵母，初发酵时间为2～4天，如同酿制红葡萄酒一样，要经常捣汁，待残糖降到所需的程度时，即皮渣分离，将酒液泵至贮酒桶，加入酒精度为76°～78°的白兰地，使之中断发酵而进入贮存阶段。按照葡萄牙的酒法规定，生产波特酒所用的葡萄酒精，只能用杜罗河流域以及里斯本周围生产的葡萄酒蒸馏而得到，其他任何地方和任何方式生产的酒精都不允许用来生产波特酒。

刚发酵好的强化葡萄酒只有通过足够时间的贮藏，才能改善其风味，一般需贮藏2～4年。贮藏后的第二年春季，杜罗地区大大小小的以葡萄园、作坊和家庭为单位的葡萄酒生产厂，用一些木质的"酒船"将这些酒运到波特的各个酒厂的酒库中进行长期陈酿，在陈酿过程中，还要经过热灭菌、冷冻处理等工序，它们不仅对葡萄酒起到澄清和稳定的作用，而且还起到促进葡萄酒老熟的作用。当然，陈酿的关键是在木桶（或木船）中贮存（目前也有用水泥池和露天老熟的新方法）。在温度较少变化的酒窖中存放 4~6 年，存放过程中还要进行 2~3 次换桶。

上等波特酒的贮存时间要求达到 4~6 年。实际上，波特酒究竟贮存多少时间比较好，是根据不同的消费者的要求而定的。有的国家的消费者喜欢鲜红或紫红的，具有芬芳果香的波特酒，这种是贮存时间短的新酒，酒龄一般为 1~2 年。有的国家的消费者喜欢色泽为茶红色的，具有浓郁陈酒香味，口味柔和润口的波特葡萄酒，这种是贮存时间长的老酒，酒龄多在 4~6 年，甚至有的酒龄达到 10 年以上。波特酒既可纯饮，也可佐餐。

(3) 波特酒的分类

1) 好年成波特酒（Vintage Port）。该酒是由已被公认的好年成葡萄酿制的波特酒，可以适当勾兑其他葡萄酒的好年成葡萄酒，但是必须是同一年的葡萄酒。法律规定，好年成波特酒必须在橡木桶中最少陈酿 2 年。装瓶后继续陈酿，10 年后成熟，其寿命长达 35 年。口味醇厚，果香酒香协调，甜爽温润。商标上需注明年份。

2) 类好年成波特酒（Vintage Character Port）。该酒以各种年份的葡萄酒勾兑，在橡木桶中陈酿 4 年即可饮用，柔顺圆正，果香怡人。常被误解为好年成波特酒，因此而得名。其实其特点更近似于宝石红波特酒（Ruby Port）。

3) 陈年酒垢波特酒（Crusted Port 或 Crusting Port）。该酒用几种高质量的葡萄酒勾兑而成，在橡木桶中陈酿 4 年，装瓶后陈放 5~6 年，有明显沉淀后出售。

4) 陈年茶红波特酒（Fine Old Tawny Port）。该酒在木桶中陈酿 10 年、20 年或更长时间，因其酒色为茶红色而得名。柔顺圆正，醇厚浓正，香气怡人。

5) 陈年宝石红波特酒（Fine Old Ruby Port）。其酒由几种优质葡萄酒勾兑而成，在木桶中陈酿近 4 年，在 -8~-9℃ 低温处理后装瓶，果香突出，口味甘润。

6) 茶红波特酒（Tawny Port）。其酒由红葡萄酒和白葡萄酒勾兑而成，在木桶中陈酿 6~8 年，酒体柔顺。

7) 宝石红波特酒（Ruby Port）。这是酒龄最短的波特酒。在木桶中陈酿不到 1 年，所以仍保持新葡萄酒的色彩。酒体丰满，果性十足，不宜长期窖藏。

8) 单一葡萄园波特酒（Sinle-Quinta Port）。由单一葡萄园所产的葡萄酒酿制成的波特酒。有非好年成、好年成、茶红等类型。

9）晚装瓶年份波特酒（Late Bottled Vintage Port）。简称 LVB，是延长木桶陈酿期的好年成波特酒，陈酿 4～6 年。有的厂商也把年号标在商标上，例如"1983 LVB"。

3. 玛德拉酒（Madeira）

在距离北非 600 海里的大西洋玛德拉群岛中，有个名叫丰沙尔的岛屿，这里就是葡萄牙名酒玛德拉葡萄酒的产地。这里属于亚热带地中海式气候，岛上多火山，地势崎岖，地震频繁，地质中含有大量火山灰烬，因此，用这里种植的葡萄所酿制的葡萄酒，酒质浓厚且有焦香味。这里的葡萄种植在陡峭山坡的梯田上，每年 9 月葡萄成熟采摘后，就在附近室内压榨成葡萄浆，再把葡萄浆放入羊皮袋内背下山，然后注入大橡木桶中发酵，在发酵过程中加入白兰地，使其酒度在 16°～18°之间，然后再经过过滤，放入橡木桶中进行老熟，到了一定的年份，桶内的酒就可以装瓶上市了。

玛德拉的丰年葡萄酒，虽然产量不高，却是世界上寿命最长的酒，能在各种温度条件下贮存，并能在 200 年内保持其芳香和风味。优等的玛德拉葡萄酒呈琥珀色，需要在橡木桶中贮存 8 年以上才能装瓶出售。玛德拉酒还有一个奇妙的特性，即它虽然产自热带，但当运达寒冷的地区后，酒味却会变得更好。与雪利酒不同，玛德拉酒属于白葡萄酒类，越不甜越好喝，作为饭前开胃酒饮用最佳。

玛德拉酒是以品种和商标的知名度来判别其品质，分为四大类：

（1）西亚尔（Sercial）。西亚尔是最不甜的一类。酒液呈金黄或淡黄，色泽艳丽，香气芬芳，口味醇厚、浓正。西餐中常用它作料酒。

（2）弗德厚（Verdelho）。弗德厚也是干型酒，但比西亚尔稍甜一点，酒色金黄，光泽动人，香气优雅，口味甘冽。

（3）布尔（Baul）。布尔属半干型酒，色泽呈粟黄或棕黄，香气强烈，有个性，口味甘润，浓醇，最适合作甜食酒。

（4）玛姆赛（Malmsey）。玛姆赛在玛德拉酒家族中享誉最高，属甜型酒。此酒呈褐黄或棕黄色，香气怡人，口味极佳，甜润爽口，比其他同类产品醇厚浓正，给人以富贵豪华之感。

著名的玛德拉酒的名牌产品有：玛德拉酒（Maderia Wine）、鲍尔日（Borges）、巴贝都王冠（Grown Barbeito）、法兰加（Franca）。

4. 玛萨拉酒（Marsala）

玛萨拉酒产于意大利西西里岛（Sicilia）西北部的玛萨拉一带。它是葡萄酒和葡萄蒸馏酒勾兑而成的配制酒，最适于作甜食酒和开胃饮料。玛萨拉酒色金黄带棕褐光泽,美丽多彩,气味芬芳,醇美;口味清洌、爽适、甘润。玛萨拉酒由于陈酿时间的不同,风格也各有区别。

(1) 玛萨拉佳酿(Fine),陈酿4年,最低酒精度17°,其味甜润。

(2) 玛萨拉优酿(Superior),陈酿2年,最低酒精度18°,酒味甜润醇美。

(3) 玛萨拉精酿(Very Fine),陈酿5年,最低酒精度为18°。

(4) 玛萨拉特酿(Special),酒精含量18°,需要使用香蕉、草苏和鸡蛋进行调香。

玛萨拉酒为甜食酒,一般用做佐助甜品、无盐坚果、水果,在西餐里常常用于烹饪和烧烤。

5. 马拉加酒(Malaga)

马拉加酒产于西班牙安达卢西亚的马拉加地区,严格地说马拉加酒不是配制酒,但人们习惯将其列入甜食酒的行列,与其他配制酒为伍,这是由于饮用马拉加酒的习惯和其酿造方法颇似波特酒的缘故。

马拉加酒的分类方法是根据色泽和干甜程度进行的,有以下几种:

(1) 深甜马拉加(Malaga dulce color),呈深褐色或浓栗色,发黑,口味甚甜。

(2) 浅甜马拉加(Malaga blanco dulce),呈金黄色或黄玉色,色浅,口味甚甜。

(3) 干甜马拉加(Malaga semi-dulce),呈金黄色或黄红色,口味较甜。

(4) 耶苏泪马拉加(Malaga Lagrima & Lagrima Christi),呈深黄色,无光泽,口味甚甜。

(5) 干白马拉加(Malaga blanco seco),色泽淡白,口味干洌,回味适爽。

(6) 麝香马拉加(Malaga Moscatel),色泽呈琥珀黄,果味突出。

(7) 比德罗西莫乃(Pedro Ximenez),呈红黄色,无光泽,口味甜浓。

(8) 罗马马拉加(Malaga Roma),呈金黄或淡红色,口味浓烈。

(9) 帕雅尔特马拉加(Malaga Pajarete),色泽呈琥珀黄,无光泽,口味浓烈。

(10) 丁地药马拉加(Tintillo de Malaga),呈红色,无光泽,口味醇正。

马拉加酒的酒精度在14°~23°之间,此酒质地在甜食酒和开胃酒中虽不及其他同类酒品，但它具有显著的滋补作用，比较适合滋补病人和疗养者。比较著名的马拉加酒品牌有：弗罗尔·海马诺斯（Flores Hermanos）、菲利克斯（Felix）、黑交斯（Hijos）、约塞（Jose）、拉丽欧斯（Larios）、路易斯（Louis）、马大（Mata）等。

除此之外，优秀的甜食酒还有法国的原甜葡萄酒（Vin doux naturel）、阿尔及利亚的米斯苔尔酒（Mistelle）、西班牙和葡萄牙的莫斯卡特酒（Moscatel）。

6. 甜食酒的饮用与服务操作

（1）根据酒品本身的特点和不同国家的饮用习惯，甜食酒的品种中有的作为开胃酒，有的作为餐后酒。如：雪利酒中的菲诺类（Fino）酒，常被用来作开胃酒，而奥罗露索类酒则可用来佐甜食，作为甜食酒。波特酒的饮用，根据不同国家的习惯而有差异，如英语国家常将其作餐后酒饮用，法国、葡萄牙、德国以及其他国家常用其作餐前酒。一般情况下，甜食酒中干型酒作开胃酒；较甜熟的甜食酒可作为餐后酒，常温提供。波特酒也可作为佐餐酒。

（2）甜食酒中的雪利酒和波特酒都用专门杯具，甜食酒的标准用量为50毫升/杯。不同的酒品，饮用温度也有差异。作为餐前酒的甜食酒，需冰镇以后饮用，如果作餐酒可以常温饮用。另外，陈年波特酒因有沉淀故需要进行滗酒处理。

四、餐后甜酒

餐后甜酒又称利口酒，是同英文 Liqueur 音译而来的，在美国称 Cordial。餐后甜酒是以蒸馏酒（白兰地、威士忌、朗姆酒、金酒、伏特加）为基酒配制各种调香物品，并经过甜化处理（一般要加1.5%糖蜜）的酒精饮料。具有高度或中度的酒精含量，颜色娇美，气味芬芳独特，酒味甜蜜。故法国人称为 Digestifs，在餐后饮用。因利口酒含糖较高，相对密度大，色彩鲜艳，常用来增加鸡尾酒的颜色和香味，突出其个性。仅以数滴利口酒，就可以使一杯鸡尾酒变其风格，利口酒是调和彩虹酒不可缺少的原料。另外，还可用利口酒烹调、烘烤，制作冰激凌、布丁及一些甜点等。

1. 利口酒的酿造方法

利口酒是用烈酒加香草料、蜜糖配制而成的，因其所用的原料不同，操作方式各异，归纳起来，有以下几种：

（1）浸渍法。将果实、药草、果皮等浸入酒中，再经分离而成。

（2）滤出法。将所用的香料全部滤到酒中。

(3) 蒸馏法。将香草、果实、种子等放入酒精中加以蒸馏。这种方法多用于制作无色透明的甜酒。

(4) 香精法。将植物性的天然香精加入白兰地或食用酒精等烈酒中，再调其颜色和糖度。

2. 利口酒的种类

世界上生产的利口酒种类非常繁多，分类方法也各种各样。以下的分类方法是按照制造利口酒所用的主要调香、调味原料的种类进行分类的。主要分为水果类利口酒、草本类植物利口酒、种子类利口酒和其他特殊利口酒四大类。

(1) 水果类的利口酒。以水果为原料制成，有些还以水果的名称命名利口酒，如樱桃白兰地。水果类利口酒主要由三部分构成：水果（包括果实、果皮）、糖料和基酒（白兰地或其他蒸馏酒），一般采用浸渍法制作，口味新鲜、清爽，宜新鲜时饮用。著名的水果利口酒有：

1) 橘皮甜酒（Curacao）。橘皮甜酒产于荷兰的库拉索岛。该酒是由橘子皮调香浸制的利口酒。颜色多样，有透明无色、绿色、蓝色等品种。橘香怡人，清爽、优雅，味微苦，适宜作餐后酒和调配鸡尾酒的配酒。

2) 君度酒（Cointreau）。君度酒是由法国人在18世纪初创造的，经过长时间的奋斗，君度家族已成为当今世界最大的酒商之一，君度酒畅销世界100多个国家，是当今的绝大多数酒吧、西餐厅不可缺少的酒品。酿制君度酒的原料是一种不常见的青色的犹如橘子的果子，其果肉又苦又酸，难以入口。这种果子来自海地的毕加拉、西班牙的卡娜拉和巴西的以拉。君度厂家对于原料的选择是非常严格的，在海地，每年的8～10月份之间，青果子还未完全成熟便被摘下来。为了采摘时不损坏果实，当地农民使用一种特别的刀，在刀下系个塑料袋，当果子砍下后便掉入袋中，然后将果子一分为二，用勺子将果肉挖出，再将剩下的果皮切成两半放在阳光下晒干，经严格的挑选才能用。君度酒的制作程序高度保密。

要尽情体会君度酒的魅力，应加冰块饮用。其酒味芳浓柔滑，轻尝浅吸，乐趣无穷。具体饮用方法是：在古典杯中加3～4块小冰块，然后将一份或两份君度酒，慢慢倒入杯内，待酒色渐透微黄并开始浑浊，以柠檬皮装饰即可。除此之外，君度香橙也是调制鸡尾酒的配料，著名的旁车（Side Car）、玛格丽特（Magarita）等便是其中两例。

3) 香橙干邑（Grand Manier）。香橙干邑又称金万利，产于法国的干邑地区，是用苦橘皮浸制调配成。酒度在40°左右，分红、黄两种（黄色的是干邑白兰地不属于利口酒）。橘香突出，口味凶烈，劲大，甘甜，醇浓。

4）樱桃利口酒（Cherry Liqueur）。樱桃利口酒是一种用浸渍法提取樱桃果肉和果汁的香味及颜色所制成的利口酒。在英国被称为樱桃利口酒（Cherry Brandy）；在美国被称为樱桃果味利口酒（Cherry Flavored Brandy）；在法国被称为利口酒·德斯利兹（Liqueur de Cerise）。其基本制法是将成熟的樱桃浸渍于中性烈性酒中，用桂皮和丁香调整其风味之后，再进行过滤和熟成。

5）黑樱桃甜酒（Maraschino）。在意大利和斯洛文尼亚国境接壤地带，有许多用玛拉斯卡樱桃制造的无色透明的利口酒。将樱桃破碎、发酵后，进行3次蒸馏，再进行熟成，最后加水、烈性酒及果汁制成成品。这是1821年意大利热那亚出生的吉罗拉莫·鲁库萨尔德首先创制的利口酒，直至现在各国的造酒厂仍在生产销售。在法国以玛拉斯堪（Marasquin）的名字加以销售。

6）黑加仑子利口酒（Creme de Cassis）。黑加仑子利口酒是将黑加仑子（又称黑醋栗，英语为Black currant，法语为Cassis）的果实破碎后，浸渍于烈性葡萄酒或一般葡萄酒之中，加糖成熟，过滤后制成成品。这是一种水果香味非常丰富的利口酒，但由于酒精度数很低，抗氧化能力很弱，所以开瓶后要放入雪柜保存，并且要尽快喝掉。其主要品牌有：第戎（Cassis de Dijon）、博恩（Cassis de Beaune）、西斯卡（Sisca）、苏培（Super Cassis）等。

7）杏子白兰地（Apricot Brandy）。杏子白兰地是将杏子的果肉浸渍于烈性酒之中，再加入香料调整其口味而制成的一种利口酒。

8）香蕉利口酒（Banana Liqueur）。香蕉利口酒是用新鲜的、完全成熟的香蕉为原料制成的利口酒。以往酒的口味较为厚重，酒质为透明的黄色。近来也有呈现鲜绿色，口味较为醇和的利口酒。其代表性的品牌有荷兰产的皮萨·加尔达（Pisang Garoede）。

9）李子金酒（Sloe Gin）。李子金酒是将黑刺李（Sloeberry李子的一个品种）果实的味道溶解于烈性酒之中制取的一种利口酒。最初是在英国人的家庭中，将黑刺李浸渍在金酒之中，作为保健品来饮用的，因此有了李子金酒这一名称。

10）玛利宝（Malibu）。玛利宝又称椰朗姆酒，是1980年修布莱茵公司推出的椰子风味的利口酒。它是在牙买加朗姆酒中，配进椰子香精制成的，酒精度为24°。在欧洲很受人们的欢迎，是调制鸡尾酒的上佳原料。

除此之外，白橙味甜酒（Triple Sec）、桃白兰地（Peach Brandy）、蜜瓜利口酒（Melon Liqueur）、热情果利口酒（Passion fruit Liqueur）等也都是很好的水果利口酒。

（2）草本类植物利口酒。草本类植物利口酒配制原料是由草本植物组成的，制酒工艺颇为复杂，往往带有浓厚的神秘色彩，配方及程序严格保密。名品有：

1）修道院酒（Chartreuse）。修道院酒是世界闻名的利口酒，有"利口酒女王"之誉。因其在修道院酿制并具有治疗病痛的功效，故又有灵酒之称。此酒系法国谢托利斯（Grand. Chartreuse）修道院独家制造，配方保密，从不披露。分析表明：它是以葡萄酒为基酒，浸制100多种草药（包括龙胆草、虎耳草、风铃草等），再勾兑以蜂蜜，需陈酿3年以上，有的长达12年之久。

在修道院酒的品种中，最有名的是修道院绿酒（Chartreuse Verte），酒度55°左右；其次是修道院黄酒（Chartreuse Jaune），酒度40°左右。远年成酿绿酒（V. E. P. verte）酒度54°左右，远年成酿黄酒（V. E. P. jaune）酒度42°左右，酏酒（Elixir）酒度71°左右。修道院酒是草本类利口酒中的一个主要酒品，属特精制利口酒，一般作纯饮时要少量品饮，也可用来调制鸡尾酒。

2）当酒（修士酒）（Benedictine）。当酒简称 D. O. M. 是拉丁语 Deo Optimo Maximo 的缩写，意思是献给至善至高的上帝。此酒同样具有神秘之感。1510年，在法国北部诺曼底的费康（Fecamp）地区，一座本尼迪克特派修道院的修道士东·贝尔纳德·宾切利（Dom Bernard Vincelli）首先制出了这种酒。当酒是用葡萄蒸馏酒作基酒，用海索草、当归、丁香、肉豆蔻、柠檬果皮等27种草药调香，再掺兑蜂蜜配制而成。颜色为黄褐色，酒度40°左右，口味圆润丰满，甜味强烈。当酒既可掺水饮用，也可作餐后酒或调配鸡尾酒。

3）杜林标（Drambuie）。杜林标产于英国，是一种用草药、威士忌和蜂蜜配制成的利口酒。该酒酒名来自于盖尔语的 Dram Buidheach（能使你心旷神怡的饮料）。在该酒商标上印有"Prince Charles Edlward's Liquer"字样，意思是"查尔斯·爱德华王子的利口酒"。这里蕴藏着一个故事：苏格兰的斯图亚特王朝的后代查尔斯·爱德华于1745年在争夺王位的战争中失败，从苏格兰逃走时，将皇室秘传的利口酒配方赠给了竭尽忠诚的玛基诺家族，这种酒就是根据这个配方制造出来的。此酒常用于餐后酒或加冰饮用。

4）佳莲露（Galliano）。佳莲露甜酒产自意大利，是以意大利一个世纪以前的英雄加利安奴将军的名字命名的酒品。它是以浸渍法和蒸馏法并用，并且加入了 40 多种药草和香草，从中提取香味，经过调配之后酿制出来的金黄色透明甜酒，味道醇美，香味浓郁，酒度为 35°左右。一般将其盛放在高身而细长的酒瓶内。在佳莲露甜酒里，融合了英雄与浪漫的情怀，它给人带来欢乐、温暖，是调酒常用的配料。

5）薄荷利口酒（Pippermint）。薄荷利口酒是从薄荷叶中提取薄荷油，然后调配进果汁，再与中性烈性酒混合制造的利口酒。不用色素的是无色透明的白薄荷酒，使用色素的则是绿薄荷酒。

各国的造酒厂都生产销售这种酒，其中比较著名的是吉特薄荷酒（Pippermint Get），因其酒瓶的外形像一只葫芦，所以有人又把它称之为"葫芦樽"。它是 1859 年法国的吉特兄弟创办的公司所生产的产品。吉特 27 是绿薄荷酒，酒度 21°；吉特 31 是白薄荷酒，酒度 24°。

6）紫罗兰利口酒（Violet）。紫罗兰利口酒是一种再现紫罗兰花色和香味的一种利口酒。实际上它是用蔷薇、扁桃、芫荽、香草、柠檬果皮、橘子皮以及其他香草类植物同中性烈性酒调配在一起而制成的一种利口酒。

7）桑布卡（Sambuca）。桑布卡是意大利特产的一种利口酒，是以埃路达（Elder 一种灌木）的花卉提取液为基体，再配以甘草、小茴香种子等制成，所以具有浓郁的香草和茴香的味道。酒精度为 40°左右，因其糖分较高，所以适合冲兑汽水饮用。

（3）种子类利口酒。种子利口酒是用植物种子为配制基本原料制成的利口酒。一般用于酿酒的种子多是含油高、香味较强的坚果种子。著名的酒品有：

1）茴香利口酒（Anisette）。茴香利口酒起源于荷兰的阿姆斯特丹（Amsterdam），是地中海诸国最流行的利口酒之一。法国、意大利、西班牙、土耳其等国家均生产茴香利口酒。其中以法国和意大利的产品最为著名。

制酒时，先用茴香和酒精制成香精，再勾兑以蒸馏酒和糖液，然后经过冷处理以澄清酒液，过滤后制成成品，酒度在 30°左右。

2）杏仁利口酒（Liqueurs d'amandes）。杏仁利口酒以杏仁和其他果仁作酿酒原料，酒液绛红发黑，果香突出，口味甘美，以法国、意大利的产品最好。如意大利的芳津杏仁（Amaretto）、法国的果核酒（Crème de Noyaux）均是著名的杏仁利口酒。在众多的杏仁利口酒中，意大利出产的芳津杏仁·第·撒柔诺（Amaretto di Sarano）最为杰出，该酒酒瓶为透明厚玻璃，呈柔和扁方形，有一黑色方形瓶盖，前贴商标，后贴故事，拔开瓶塞，一股杏仁的清香淡淡地冒出来，其味带果香及核仁香，极讨人喜欢，因此和许多种果汁混合均可调出可口的鸡尾酒。

3）可可利口酒（Creme de Cacao）。可可利口酒又称为巧克力利口酒，是以可可豆为主要香味原料浸入基酒中，或直接用可可豆加入其他植物蒸馏而成的利口酒，其种类繁多，口味极甜，酒度为30°左右。用白可可豆可以制成无色透明的产品。而将可可豆焙炒后，再用循环过滤的方式制出带色的液体，就可以制出深褐色的可可利口酒。在调制鸡尾酒时可可利口酒被得到广泛的运用。

4）咖啡利口酒（Coffee Liqurur）。咖啡利口酒是以咖啡豆为主要香味原料。先将咖啡豆进行烘焙粉碎，再进行浸渍和蒸馏，然后将不同的酒液进行勾兑，加糖处理，经过澄清和过滤制成成品。酒度在26°左右。其主要品牌有：

①添万利（Tia Maria）。添万利是所有咖啡利口酒的鼻祖，起源于18世纪，主要产地是牙买加，它以朗姆酒为基酒，加入当地产的蓝山咖啡和香料酿成，除了浓郁的咖啡香味以外，还有细微的香草味，其酒度为31.5°。

②甘露咖啡甜酒（Kahlua）。甘露咖啡甜酒是墨西哥产咖啡甜酒，在美国市场十分畅销。该酒以烈性酒为基酒，墨西哥咖啡为辅料，再加上可可、香草制成，其酒度为26.5°。甘露咖啡甜酒不但纯饮时口味浓重，风味独特，还可以用来调配鸡尾酒。若将它浇在冰激凌上或调在牛奶中会使这些食物味道更好。

此外，咖啡利口酒还有很多，大凡酒标上写有法文"Café"或"Coffee"字样，皆属此列，如巴蒂奈特（Bardinet）、巴黎佐（Parizot）、爱尔兰绒（Irish Velvet）等。

5）榛子利口酒（Liqueur de Noisette）。榛子利口酒是以榛树的果实——榛子为主要香味原料，再加入一些调味料制成的具有特殊坚果味的利口酒。

6）福兰杰里科利口酒（Frangelico Liqueur）。福兰杰里科利口酒是意大利生产的具有代表性的榛子利口酒。它是用野生榛子，配以数种浆果及花瓣的提取液制成的，具有多种味感，并且各种味道配合得非常协调。其酒度为 24°。

(4) 特殊利口酒

1) 蛋黄酒（Advocaat）。蛋黄酒是荷兰、德国等国家生产的鸡蛋利口酒。它是在白兰地或其他烈性酒中配进鸡蛋和糖分而制成的。荷兰语中 Advocaat 是辩护律师的意思。这一名称的来源是说如果喝了这种蛋黄酒，就会使人像辩护律师一样能说会道。蛋黄酒呈亮丽的黄色，香气独特，其酒度在 15°～20°之间。

2) 生姜葡萄酒（Ginger Wine）。生姜葡萄酒是英国的特产酒。其制法是把生姜根的粉末浸渍于葡萄酒中，将其成熟后过滤制成成品。生姜葡萄酒口味非常清爽，酒度为 13°左右。

3) 奶油利口酒（Cream Liqueur）。奶油利口酒是将具有丰富脂肪和蛋白质的奶油和酒精融为一体的甜美利口酒。其主要品牌有：

①百利甜酒（Bailey's Original Cream）。百利甜酒是 1974 年最先推出的奶油利口酒。它是以爱尔兰威士忌为基酒，配以新鲜奶油而制成，其酒度为 17°。此款酒一经推出，很快就得到消费者的认可，特别受到女士们的青睐，现在是调制鸡尾酒的常用酒品。

②德·卡普草莓甜酒（De Kuyper Strawberry Cream）。德·卡普草莓甜酒是一种原封不动地保留了草莓味道的奶油利口酒，其酒度为 15°。

③莫扎特巧克力甜酒（Mozart Chocolate Cream Liqueur）。莫扎特巧克力甜酒是一种具有巧克力香味的利口酒。其主要成分是巧克力、橙皮和奶油，酒度为 20°左右，口味芳香馥郁、甜润可口。

3. 利口酒的饮用方法

(1) 利口酒多用于餐后饮用，以助消化。

(2) 利口酒每份的标准用量是 25 毫升。

(3) 因利口酒的酿制原料不同，酒品的饮用温度和方法也有差异。一般地说，水果类利口酒，饮用温度由饮者决定，基本原则是果味越浓，甜度越大；香气越烈，饮用温度越低。低温处理可采用溜杯、加冰块或冷藏等方法。草本类植物利口酒宜加冰饮用。所有奶油利口酒加冰霜效果最佳。植物种子制成的利口酒，一般在常温饮用，但也有例外，茴香酒常作冰镇处理。

(4) 利口酒的饮用方法有多种。最好的方法是选用纯度高的利口酒，倒在专用杯里，用嘴一点点慢慢地、细细地品，但是很多人觉得这样喝太甜太腻。下面介绍另外的几种饮用方法。

1）对饮法。就是加苏打水或矿泉水，不论哪一种甜酒，喝前先将酒倒入古典杯中，其数量为杯子容量的 60%，再加满苏打水即可。

2）碎冰法。先做碎冰，即用布将冰块包起，用锤子敲碎或用机器削去冰霜，然后将碎冰倒入鸡尾酒杯或葡萄酒杯内，再倒入甜酒，插入吸管即可。

3）其他。也可将利口酒加在冰激凌或果冻上饮用。做蛋糕时，还可用它来代替蜂蜜使用。另外，利口酒还可以增加冰激凌的颜色和味道。

模拟测试题

一、判断题（下列判断正确的请打"√"，错误的打"×"）

1. 在西餐中葡萄酒通常与食物一起享用，所以葡萄酒又称为"餐酒"。（ ）
2. 莎当妮（Chardonay）、白谢宁（Chenin Blanc）、雷司令（Riesling）都是白葡萄品种。（ ）
3. 纯米酒是日本清酒中最高档次的酒。（ ）
4. 黄酒只在中国江南一带生产，中国北方不生产黄酒。（ ）
5. 白兰地在装瓶前要将不同年份、不同地区的酒调配在一起。（ ）
6. 威士忌在诞生之初就需要放置在橡木桶内陈年着色后饮用。（ ）
7. 金酒是由荷兰人首先制造出来的，主要是用来作利尿剂。（ ）
8. 伏特加酒是烈性蒸馏酒，其酒精含量一般都在 50% 以上。（ ）
9. 西凤酒是属于清香型的中国白酒。（ ）
10. 朗姆酒的生产和威士忌一样，都需要在橡木桶中陈年老熟。（ ）
11. 特基拉酒是墨西哥特有的烈性酒，故又称为"墨西哥烈酒"。（ ）
12. 配制酒可分为开胃酒、甜食酒和利口酒三大类。（ ）
13. 味美思是以白兰地为基酒，再加入各种芳香物质酿制而成的。（ ）

14. 雪利酒和波特酒属于甜食酒，但其中有些也可以作为开胃酒和佐餐酒饮用。（　　）

15. 君度（Cointreau）、添万利（Tia Maria）、金巴利（Compari）都属于餐后甜酒。（　　）

二、单项选择题（下列每题有 4 个选项，其中只有一个是正确的，请将其代号填在横线空白处）

1. 下列酒中不属于发酵酒的是_____。
   A. 黄酒　　B. 啤酒　　C. 清酒　　D. 味美思酒

2. _____是白葡萄酒品种，主要用于酿制白葡萄酒。
   A. 佳美（Gammy）　　　B. 塞米雍（Semillon）
   C. 梅洛（Merlot）　　　D. 希哈（Syrah）

3. 清酒在酿制时出米率在 50％以下的品种是_____。
   A. 纯米酒　　B. 本酿造酒　　C. 吟酿酒　　D. 大吟酿酒

4. 下列黄酒中_____不属于绍兴黄酒。
   A. 元红酒　　B. 老廒黄酒　　C. 加饭酒　　D. 善酿酒

5. 法国_____地区是生产世界上最上乘白兰地的地区。
   A. 香槟　　B. 干邑　　C. 雅文邑　　D. 波尔多

6. 具有浓重炭香味的威士忌是_____威士忌。
   A. 苏格兰　　B. 爱尔兰　　C. 美国　　D. 加拿大

7. 金酒是由_____人首先制造的，主要当作利尿剂使用。
   A. 意大利　　B. 法国　　C. 荷兰　　D. 西班牙

8. _____是美国的著名伏特加品牌。
   A. 斯道里西那亚（Stolichnaya）　　B. 斯米诺夫（Smirnoff）
   C. 毕博罗瓦（Wyborowa）　　　　D. 斯道洛法亚（Stolovaya）

9. 下列酒品中不属于浓香型中国白酒的是_____。
   A. 剑南春　　B. 古井贡酒　　C. 双沟大曲　　D. 珍酒

10. 美雅士（Myers）是_____的著名朗姆酒品牌。
    A. 古巴　　B. 巴西　　C. 牙买加　　D. 波多黎各

11. 酿制特基拉酒使用龙舌兰植物的_____部。
    A. 根　　B. 茎　　C. 叶　　D. 花

12. 苦艾酒是_____的别称。
    A. 雪利酒　　B. 味美思酒　　C. 波特酒　　D. 比特酒

13. _____以生产甜型味美思酒最为著名。
    A. 法国　　B. 西班牙　　C. 德国　　D. 意大利

14. 波特酒是_____的国酒。
    A. 西班牙   B. 法国   C. 葡萄牙   D. 牙买加
15. 添万利（Tia Maria）是属于_____利口酒。
    A. 水果类   B. 种子   C. 咖啡   D. 奶油

三、简答题

1. 请列举出红、白葡萄品种各四种，并说出其主要产地。
2. 简要说出黄酒的主要特点。
3. 请说出威士忌的主要生产国并列举出其主要品牌（中英文至少四种）。
4. 朗姆酒按口味和颜色可分为哪几种类型？并列举出朗姆酒的主要品牌及产地（中英文至少三种）。
5. 请说出中国白酒的香型及其主要品牌（每个香型不得少于两个品牌）。

模拟测试题答案

一、判断题

1. √   2. √   3. √   4. ×   5. √   6. ×   7. √
8. ×   9. ×   10. ×   11. √   12. √   13. ×   14. √
15. ×

二、单项选择题

1. D   2. A   3. D   4. B   5. B   6. A   7. C   8. B
9. D   10. C   11. A   12. B   13. D   14. C   15. B

三、简答题（略）

第二单元　　酒　　会

　　酒会也称鸡尾酒会（Cocktail party），酒会的形式较灵活，不需要像宴会那样复杂和拘束，酒会以饮料为主，略备小吃，一般不设桌椅，以便客人自由走动和自由交谈，可根据客人人数设置小桌或茶几，以便客人放置空的酒杯或盘碟。举行酒会的时间比较灵活，客人也可以自由来去，不受拘束。酒会通常准备的酒水比较多，一般以鸡尾酒和其他软饮料为主，烈性酒用得比较少。食品方面一般以中西小吃为主，客人可以用手或者牙签取食，随吃随取，不受拘束。酒会的食物和小吃一部分放置在经过装饰的餐台上，一部分由服务员用托盘端送，客人可以随时拿取。总之，酒会的形式比较自由，客人不受拘束，并且准备和组织比较容易，开支较小。

第一节　酒会的类型

　　酒会的种类有很多种，可根据主题来分类，也可根据组织形式和收费方式来分类等。
　　酒会一般都有较明确的主题，如婚礼酒会、开张酒会、招待酒会、庆祝庆典酒会等，还有像产品介绍、签字仪式、乔迁祝寿等，都可以用酒会的形式来举行。这种主题酒会对组织者很有意义，而对于服务部门来说，要针对各种不同的主题酒会，配以不同的装饰、供应品种以配合各类主题酒会的举行。

从组织形式来分,酒会可以分为两大类:一类是专门酒会,一类是正规宴会前的酒会。专门酒会单独举行,包括签到、组织者和来宾致词等,有的甚至是表演酒会(show),比如时装表演、歌舞表演等。专门酒会可分为自助餐酒会(buffet cocktail party)和小食酒会(snack cocktail party)。自助餐酒会一般在午餐或晚餐时间进行。而小食酒会则多安排在吃下午茶的时候进行。宴会开始前酒会的功能主要是招集客人。目的是较盛大的宴会在召开前不要使等候着的客人受冷落;有时也可以把这种酒会作为宴会点题、致词欢迎的开场活动;还有就是可以为客人提供一个自由交流和联络感情的场所。因为在宴会开始后,客人只能坐在自己的座位上,而交谈的对象只能局限于同桌的客人,这对于参加商务性质宴会的客人来说是非常不方便的。

如果按照收费方式来分的话,酒会可以分为定时消费酒会、计量消费酒会、定额消费酒会和现付消费酒会。

一、定时消费酒会

定时消费酒会也称为包时酒会。通常客人只需将人数、时间定下后就可以安排了,消费多少则在酒会结束后结算。定时消费酒会的特点是"时间",一般可以分为1小时、1.5小时、2小时几种。定下时间后,客人只能在预先定好的时间内参加酒会,时间一到,主办方将不再供应酒水。例如有一定时酒会是下午5~6点,人数为150人。酒吧必须准备好足够150人饮用1小时的酒水,即在5点前不供应酒水,5点开始供应,客人可以根据酒吧提供的酒水品种随意饮用,但到了6点钟以后,酒吧就不再供应任何酒水了。现在定时酒会比较流行,主要是方便客人掌握时间。

二、计量消费酒会

计量消费酒会是根据酒会中客人所饮用的酒水数量进行结算的一种酒会形式。这种酒会既不限制时间,也不限定酒水品种,只根据客人的需要而定。一般可以分为豪华型与普通型两种。普通型的计量消费酒会是由客人提出要求,通常酒水品种限于流行牌子。而豪华型的酒会可以根据客人的需要提供一些比较名贵的酒水,供客人选择饮用。在酒会中,酒水实际用量是多少就计算多少,酒会结束后,按酒水的实际消耗量来进行结账,所以称为计量消费,英文称为 by consumption。

三、定额消费酒会

定额消费酒会是指客人已将参与酒会的人数和消费额提前说定,酒吧按照客人的人数和消费额来安排酒水的品种和数量的一种酒会形式。这种酒会经常与自助餐连在一起。客人在预定酒会时，先确定每位来宾所消费的金额，然后确定酒水与食物各占的比例，食物部分由厨房负责，酒水部分由酒吧负责。酒吧则按照客人确认的人数和消费额来合理地安排酒水的品种、牌子和数量。这种酒会要经过细心的计算，因消费额已确定，既要在品种、牌子和数量上给客人以满足感，又要控制好酒水的成本。

四、现付消费酒会

现付消费酒会大多使用在表演晚会中，主人只负责宾客的入场券和表演节目。客人喜欢什么饮料，则由自己决定，但必须自己结账。这种酒会酒吧只预备一般牌子的酒水，客人来的主要目的是观看演出，而不是饮用酒水。这种酒会在许多大的饭店中经常举行，如时装表演、演唱会、舞会等。

除此之外，还有外卖式的酒会。由于有些客人希望在自己的公司或者家里举行酒会，以显示自己的身份和排场。酒吧就要按照酒会收费的标准和类型将准备好的酒水、器皿和酒吧工具，运到客人指定的地方。这种类型的酒会要注意的是准备工作要做得充分，因为不像在饭店里，缺什么临时可以补充。冰块和玻璃杯要准备得十分充足，做好客人指定的地方不能提供冰块和清洗玻璃器皿设备的打算。各种类型的酒水也要准备充分。除了定额消费酒会可以按定额运去酒水外，其他消费形式的酒会宁可多运一些备用酒水，也不要等到酒水不够用的时候再回酒吧来运。

第二节 酒会酒吧设置

当举行酒会的细节确定后，通常由宴会销售部发出一份酒会的通知单，通知单中必须详细地说明客人所定酒会的时间、日期、人数和要求，其中还必须分列各个部门的职责，如厨房、酒吧器材和供应品种的安排，保安、餐厅服务、美工、工程等的具体要求。酒吧则根据客人的要求来设置各种不同形式的酒会酒吧，称为 bar set up。酒会酒吧的设置形式可分为软饮料酒吧、国产酒水酒吧、标准酒吧和豪华酒吧。

一、软饮料酒吧（soft drink bar set up）

软饮料酒吧摆设是指在所供应的酒水中不带有含酒精的饮料。通常只用果汁、汽水、矿泉水、杂果宾治这些无酒精饮料来摆设酒吧，有时也供应啤酒。这种酒吧摆设大多用在欢迎酒会、签字仪式、产品介绍等不宜提供给客人过多含酒精饮料的酒会上。

二、国产酒水酒吧（local bar set up）

国产酒水酒吧在设置中，除了软饮料之外还使用几种国产酒。一般情况下用五六个品种，可用国产名酒茅台酒、五粮液酒、汾酒、剑南春酒、加饭酒和国产葡萄酒等。这种酒吧设置大多在中餐宴会中使用。

三、标准酒吧（full bar set up）

标准酒吧设置是酒会中使用最广泛最多的一种，几乎80％以上的酒会中的酒吧设置都用标准酒吧。由于各饭店、宾馆的实际情况不同，所使用的酒水品种也不可能完全相同。所以每个饭店、宾馆基本上都有一套类似于"标准菜单"形式的酒水供应品种的清单。在标准酒吧设置中除了软饮料、啤酒和葡萄酒以外，通常还可以设置一些比较常用的烈性酒和开胃酒，例如金酒、威士忌、白兰地、朗姆酒、伏特加、甜味美酒、干味美酒、金巴利酒和杜本内酒等。在标准酒吧中，一般只供应简单的混合饮料，不供应鸡尾酒，特别是复杂鸡尾酒。

四、豪华酒吧（deluxe bar set up）

豪华酒吧设置是指在酒会中酒吧设置使用的酒水及名贵酒水较多的一种酒吧设置形式。可以根据客人的要求，使用最名贵的酒水。豪华酒吧使用的酒水没有固定的形式，只要客人需要，都应得到满足。例如，客人要求的名贵酒水酒吧没有，要及时去采购。豪华酒吧的特点就是要尽最大的努力满足客人的要求。

以上四种酒会酒吧设置形式在饭店、宾馆中经常会被采用。但由于每个酒会的人数、消费额的不同，酒吧设置的数量和供应的酒水品种也有差别。一般情况下，酒吧设置的数量是由酒会客人的人数来定，大约每150位客人设一酒吧。品种则根据饭店的酒水价格和客人的消费要求，同客人商量决定。

第三节　酒会的工作程序

一、酒会的工作程序

1. 人员安排

工作人员安排是在接到宴会销售部所发出的酒会通知单后,根据酒会的形式、规模和人数,决定使用多少个调酒师和实习生,再按照酒会的时间来确定工作人员上班时间。在中、大型酒会中(200人以上),每个酒吧需配备调酒师2人,实习生1人;在小型酒会中,每个酒吧需配备调酒师1人,实习生1人。

2. 准备酒水

在酒会前1天要按酒会的客人人数、消费额来准备酒水的品种和数量。数量上可按每人每小时3.5杯饮料计算。晚餐酒会可按每人3杯饮料计算。每杯饮料约220~280毫升。所有酒水应在酒会前2小时从仓库运到酒吧放好,以便有充足的时间来设置酒吧。

3. 预备酒杯

酒杯的数量要预备充足,可按酒会的人数乘以3.5,例如有一个300人的酒会,所需酒杯数量为1 050个。酒会酒杯的品种多用果汁杯、葡萄酒杯、柯林杯、啤酒杯四种,其他杯用量很少,准备好就行了。酒杯要在酒会前1小时全部冲洗和擦拭干净后,放入杯格中,运到酒会场地。

4. 酒吧设置

按照酒会通知单的布置平面图设置酒吧,酒吧设置的方式也有许多种,主要是注重美观和方便工作两个要点。酒吧要在酒会前30分钟设置完毕,并且反复仔细检查。酒吧摆设时可根据酒会通知单上酒水的供应品种,将酒水一一列出,调酒师可对照酒会通知单选取酒水,检查摆设好了的酒吧。

5. 调制果汁和什锦水果宾治

酒会中用量最大的就是果汁和什锦水果宾治。这两种饮料要在酒会前30分钟根据人数调制好,通常可按每人2杯计算。调好后拿到酒会场地。

6. 提前倒饮料入杯

一般大型酒会可以在客人到来以后,按客人的要求为客人斟酒水。但是中、大型的酒会人数多,调酒员在数分钟内不可能同时供应100杯以上的饮料,大多数的饮料要在客人到来前倒入杯中。中型酒会可提前10分钟开始将饮料倒入杯中,大型酒会可提前20分钟开始将饮料倒入杯中。宴会一开始,由宴会服务员将饮料用托盘送给客人,以免造成酒吧前拥挤。

7. 各就各位

所有工作人员在酒会开始前20分钟，必须整齐地穿好制服，站在自己的工作岗位上，特别是大、中型酒会，由于酒吧摆设多，调酒师必须按编排位置站好，否则场面就很难控制了。

二、酒会中的工作程序

1. 酒会开始时的操作

所有酒会在开始的10分钟是最拥挤的。到会的人员一下子拥入会场，如果饮料供应不及时的话，酒吧就有被挤垮的危险。第一轮的饮料要按酒会的人数，在10分钟内全部送到客人手中。大、中型的酒会，调酒师要在酒吧里，将酒水不断地传递给客人和服务员。负责酒会指挥工作的酒吧经理、酒吧领班等还要巡视各酒吧摆设，看看是否有的酒吧超负荷操作。特别是靠近门口右边，因人的习惯比较偏向右边取东西。如果有的话，应立即抽调人员支援。

2. 放置第二轮酒杯

酒会开始10分钟后，酒吧服务人员的压力会渐渐减轻，这时到会的人手中都有饮料了，酒吧主管要督促调酒员和实习生将空酒杯（干净的）迅速摆放在酒吧台并排列好，数量与第一轮相同。

3. 倒第二轮酒水

第二轮酒杯放好后，调酒师要马上将饮料倒入酒杯中备用，大约15分钟后客人就会饮用第2杯酒水。倒入酒水后，酒杯及饮料必须按四方形或长方形摆放好。不能东放一杯、西放一杯，让客人看了以为是喝过或用剩的酒水。

4. 到清洗间取杯

两轮酒水斟完后，酒吧主管就要分派实习生到洗杯处将洗干净的酒杯迅速拿到酒吧备用，并保证酒杯的清洁。

5. 补充酒水

在酒会中经常会因为人们饮用时的偏爱而使某种酒水很快用完，特别是大、中型酒会中的果汁、什锦水果宾治和干邑白兰地等。因此，调酒师要注意观察酒水的消耗量，在有的酒水快要用完时就要分派人员到酒吧调制什锦水果宾治和其他饮料，以保证供应。

6. 酒会高潮

酒会高潮是指饮用酒水比较多的时候，也就是酒吧服务人员供应最繁忙的时刻。通常是酒会开始前10分钟；酒会结束前10分钟；还有在宣读完祝酒词的时候。如果是自助餐酒会，在用餐前和用餐将近结束时也是高潮。这些时间要求调酒师动作快，出品多，尽可能在短时间内将酒水送到客人手中。

7. 应付特别事项

有时客人会要酒吧设置中没有的品种，如果是一般牌子的酒水，可以立即回仓库（酒吧仓库）去取，尽量满足客人的需要。如果是名贵的酒水，要先征求主管的同意后才能取用。

有时会打碎酒杯或翻倒饮料，这是经常发生的事情，这时要求临场的调酒师立即处理，绝不可以袖手旁观。在人多的地方，碎玻璃杯及洒在地上的饮料很容易造成人员受伤，最好在几分钟内清理完毕，也可以立即用餐巾盖上，稍后再处理。

其他的突发事件也要马上处理，如果自己处理不了，要立即上报经理。

8. 清点酒水用量

在酒会结束前 10 分钟，要对照宴会酒水销售表清点酒水，确切点清所有酒水的实际用量，在酒会结束时能立即统计出数字，交给收款员开单结账。

三、酒会后的工作程序

1. 填写酒水的销售表

酒会一结束，所有酒吧设置的酒水用量应立即清点清楚，并由调酒师开好消耗单，交到收款员处结账。这项操作要求数字准确、实事求是，不能乱填。许多客人对饮品的用量都很熟悉，用计算器一按即可知道数字是否合理，如果数字不合理会引起许多麻烦。调酒员一定要按照实际用量填写，不能报虚数。即便是实际用量很大，也要给客人合理的解释，否则在账单问题上会纠缠不清。

2. 收吧工作

客人结账后，调酒师要清理酒吧，将所有剩下的饮料运回仓库。用剩的果汁和什锦水果宾治要立即放入冰箱存放或调拨到其他酒吧使用。酒杯要全部送到洗杯机处清洗，洗完后再装箱，清点数量，记录消耗数字，其他完好的装箱后退回给管事部。

3. 完成宴会销售表

宴会（酒会）结束后，调酒师需做一份（一式两联）宴会销售表（banquet return list），将酒会名称、时间、参加人数、酒水用量填写好，调酒师签上名。第一联交会计计算成本，第二联交酒吧经理保存。

模拟测试题

一、判断题（下列判断正确的请打"√"，错误的打"×"）

1. 酒会都有明确的主题。 （　　）
2. 定时酒会的费用是根据客人消费酒水的数量来结算的。（　　）
3. 计量消费酒会的费用是根据客人饮用酒水的数量和饮用的时间来结算的。 （　　）
4. 现付消费酒会多使用在晚会中，客人的饮料由客人自己结账。
 （　　）
5. 外卖酒会是指客人要求将调制好的鸡尾酒送上门的一种酒会。
 （　　）
6. 软饮料酒吧又称"水吧"。 （　　）
7. 酒会的工作程序是根据酒会举办的过程来划分的。（　　）
8. 酒会中使用的酒水应该当天准备。 （　　）
9. 酒会只需要配备一名调酒师就足够了。 （　　）
10. 酒会的酒水数量可按每人每小时 3.5 杯来计算。（　　）

二、单项选择题（下列每题有 4 个选项，其中只有一个是正确的，请将其代号填在横线空白处）

1. 鸡尾酒会最大的特点是_____。
 A. 参与人数多　　B. 开支较小
 C. 形式灵活　　D. 组织方便
2. 定时消费酒会是根据酒会中客人所饮用_____来收费的。
 A. 酒水的数量　　B. 酒水的时间
 C. 酒水的品种　　D. 酒水的质量
3. 定额消费酒会是指_____的酒会。
 A. 规定时间　　B. 规定数量
 C. 规定酒水品种　　D. 规定消费额
4. 大型或中型酒会（200 人以上）每个酒吧需配备_____调酒师。
 A.1 名　　B.2 名　　C.3 名　　D.4 名
5. 有一个 300 人的酒会，需准备酒杯的数量是_____。
 A. 300 个　　B. 600 个　　C. 900 个　　D. 1 050 个

三、简答题
1. 请简述按消费形式分类的四种酒吧各有什么特点。
2. 请简述四种酒吧设置类型各有什么特点。

模拟测试题答案

一、判断题

1. √ 2. × 3. × 4. √ 5. × 6. √ 7. √
8. × 9. × 10. √

二、单项选择题

1. C 2. B 3. D 4. B 5. D

三、简答题（略）

第三单元　酒吧日常管理和控制

第一节　酒吧的日常管理

一、酒吧的人员配备与工作安排

1. 酒吧的人员配备

酒吧的人员配备有两项原则，一是酒吧工作时间；二是酒吧营业状况。酒吧的营业时间多为上午11点至凌晨1点。一般上午客人很少到酒吧去喝酒，下午客人也不多，从傍晚直至午夜是营业高潮时间。营业状况主要看每天的营业额及供应酒水的杯数。一般的主酒吧（座位在30个左右）每天可配备调酒师4~5人。酒廊或服务酒吧可按50个座位每天配备调酒师2人，如果营业时间短可相应减少人员配备。餐厅或咖啡厅30个座位每天配备调酒师1人。营业状况繁忙时，可按每日供应100杯饮料配备调酒师1人的比例，如某酒吧每日供应饮料450杯，可配备调酒师5人。以此类推。

2. 酒吧工作安排

酒吧的工作安排是按酒吧日常工作量的多少来安排人员。通常上午时间，只是开吧和领货，可以少安排人员；晚上营业繁忙，应该多安排人员。交接班要保证上班与下班的人员有半小时至1小时的交接时间，以清点酒水和办理交接班手续。酒吧采取轮休制，节假日可取消休息，在生意清闲时补休。工作量特别大或营业超时时，可安排调酒师加班加点，同时给予足够的补偿。

二、酒吧的质量管理

1. 每日工作检查表（Check List）

用以检查酒吧每日工作状况及完成情况。可按酒吧每日工作的项目列成表格（见表3—1）。

表 3—1　　　　　　　　　每日工作检查表

项目	完成情况	备注	签名
员工个人卫生			
员工仪容仪表			
领货情况			
酒吧清洁			
酒杯补充			
更换布单			
酒水冰镇			
酒吧摆设			
装饰物及配料准备			
果汁稀释			
小食准备			
设备运作情况			
摆台情况			

　　　　　　　　　　　　　　　　　　年　　月　　日
　　　　　　　　　　　　　　　　　　主管签字：

每日工作检查表还可根据酒吧实际情况列入维修设备、服务质量、每日例会、晚上收吧工作等。由每日值班的调酒师根据工作完成情况填写并签名。

2. 酒吧的服务、供应

酒吧是否能够经营成功，除了本身的装修格调外，主要靠调酒师的服务和酒水的供应质量。服务要求礼貌周到，面带微笑。微笑的作用很大，不但能给客人以亲切感，而且能解决许多本来难以解决的麻烦事情。要求调酒师训练有素，对酒吧的工作、酒水单的内容都要熟悉，操作要熟练。能回答客人提出的有关酒吧及酒水单的问题。酒吧服务要求热情主动，按服务程序去做。供应酒水的质量是一个关键，所有酒水都要严格按照配方要求制作，绝不可以随意取代或减少配方分量，更不能使用过期或变质的酒水。特别要留意果汁的保鲜时间，保鲜期一过便不能使用。所有汽水类饮料在开瓶（罐）2小时后都不能用以调制饮料，凡是不合格的饮品不能出售给客人。例如在调制彩虹鸡尾酒时，出现任何两层有相混情形时，都不能出售，要重新做一杯。虽然这样做有些浪费，但这能给客人以信心并为酒吧树立良好的声誉。

3. 工作报告

调酒师要完成每日工作报告。每日工作报告可登记在一本记录簿上，每日一页。具体内容应包括营业额，客人人数，平均消费，操作情况及特殊事件等。营业额可以看出酒吧当天的经营情况及盈亏情况；客人人数可看出酒吧座位的使用率；平均消费可看出酒吧成本同营业额的关系以及客人的消费标准。酒吧里发生的特殊事件也很多，经常有许多意想不到的情况发生，要做好记录并上报，已处理好的要登记，有些需要报告上级主管的应及时上报。

第二节 酒水的成本控制

一、酒水成本的定义与构成

1. 酒水成本

酒水成本是指酒水在销售过程中的直接成本。用酒水的进货价与销售价来确定，可以用百分比来计算。例如可口可乐的进货价为每罐人民币2元，售价是10元的话，酒水的成本为2元，成本率为20%。成本率是计算成本与售价的比值。同样瓶装的酒水也可以用每杯的进价与售价来进行计算。

2. 酒水的售价

酒水的售价是在酒吧定出成本后确定的。每一个酒吧都要按照本身装修格调和人员素质定出成本率，然后再计算酒水的销售价。计算时不能将每一种饮料进行单独计算，要分组计算，低价的酒水成本率可以低些，名贵的酒水成本率可以高些。

例如：计算果汁的售价与成本。酒吧常用的果汁有五种、橙汁、柠檬汁、菠萝汁、西柚汁和番茄汁。在确定成本率为25%以后，进价与售价见表3—2。

选五种果汁各一杯成本价相加得7.5元，是果汁类的一组进价成本，按25%成本率计，应卖7.50÷0.25＝30（元），30元为5杯果汁的总销售额，所以每杯果汁的价格为 30÷5＝6（元）这样制定价格既方便计算，又有利于营业，而且调酒师也方便记忆。

表 3—2　　　　　　　　酒吧果汁类进价与售价价表

项目（每杯）	进价（元）	售价（元）
橙汁	1.20	6.00
柠檬汁	1.20	6.00
菠萝汁	1.50	6.00
西柚汁	2.00	6.00
番茄汁	1.60	6.00
合计	7.50	30.00

其他酒水的计算方法也相同，可将酒水单分为几类：流行名酒（包括一般牌子的烈性酒），名贵酒类（包括各种名贵烈性酒），各类威士忌、干邑白兰地和雅文邑白兰地、开胃酒、餐后甜酒、鸡尾酒和长饮、餐酒、啤酒、果汁、矿泉水和软饮。然后再进行分组计算出售价。

总而言之，酒水的成本是指酒水的进货价格，酒水的成本率是由各酒吧自行确定的，而售价则根据酒水的成本和成本率计算得出的。

二、酒水的成本控制

成本控制主要在于两个方面，一是控制酒吧的存货量，既不能过多存货造成资金积压，又不能因备货太少而导致营业困难。二是减少浪费和损耗。酒吧需设立成本分析表，主要是每日成本和累积成本的核算。每日成本是说明酒吧当日的领货与营业状况。累计成本是反映当月的酒吧成本实况（见表 3—3）。

表 3—3　　　　　　　　　酒水成本分析表

每日成本分析			当月累计成本分析		
营业额	成本	百分比	营业额	成本	百分比

日期：
制表人：

可从表格中每日的营业额与成本对比分析酒吧的经营状况，假设确定的酒水成本是30%，而当日所反映的酒水成本的百分比是50%，就需要了解实际情况，为什么要领这么多的货，是否领了过多的酒水或较贵重的酒，还没有售出去。每日成本对比还可以分析数个酒吧之间的营业状况。假设相同状况或营业额接近的酒吧，如果当天成本百分比相差很大，这要检查原因。每日成本数字还可以使酒吧主管或领班按照实际营业状况去领货，而不必过多地积压酒水。

表格中的每月累计成本数字则反映当月酒水销售成本的实况，越接近月底，百分比就越接近确定成本率，反之就有问题了。

计算公式是：

每月成本＝月初存货＋领用酒水＋调拨进酒水－调拨出酒水－月底存货

以上是指每月酒水成本的金额（现金价格）。其中月初存货与月底存货是从每月酒水盘点中得来。领用酒水是当月累计领用酒水的总和。调拨进酒水是指从别的酒吧或厨房借用的酒水。调拨出酒水是指借给别的酒吧或厨房用的酒水。

酒水成本的百分比计算公式是：

$$酒水成本百分比＝当月酒水成本÷当月营业额×100\%$$

在实际计算时月营业额还应减去食物的营业额。计算得出的数字不能超出确定成本率的±0.5%。如果超出了＋0.5%，则说明浪费和损耗太多，要查清原因。如果低于－0.5%，则说明出品质量有问题，没有按标准出品。成本控制是要求调酒师从酒水的成本率分析中去调节指导酒吧实际出品和营业，以保持领用酒水与销售的平衡。并按照预定的计划去做，减少浪费、积压和损耗，从而达到更高的效益。

模拟测试题

一、判断题（下列判断正确的请打"√"，错误的打"×"）

1. 酒吧人员是根据酒吧工种和人员的素质配备的。（   ）
2. 酒吧的营业高潮时间是从傍晚开始直至午夜。（   ）
3. 所有酒水必须按配方制作，不能随意更改。（   ）
4. 所有汽水在开瓶4小时后就不能再使用了。（   ）
5. 平均消费可以看出酒吧当天的经营情况。（   ）
6. 在酒吧中一般低价酒水的成本率可高些，高价酒水的成本率可低些。（   ）

7. 如果当月的成本率低于确定的 0.5%，说明出品质量出了问题。
（　　）

8. 如果当月的成本率高于确定的 0.5%，说明浪费和损耗太多了。
（　　）

二、单项选择题（下列每题有 4 个选项，其中只有一个是正确的，请将其代号填在横线空白处）

1. 酒吧人员的上班时间主要被安排在_____。
   A. 上午　　B. 中午　　C. 下午　　D. 晚上

2. 所有汽水类饮料在开启_____后不能用于销售或调制饮料。
   A. 1 小时　　B. 2 小时　　C. 3 小时　　D. 4 小时

3. 根据_____可以看出酒吧营业额的关系以及营业人数的消费标准。
   A. 平均消费　　B. 客人人数　　C. 操作情况　　D. 营业额

4. 根据_____可以看出酒吧当天的营业情况。
   A. 平均消费　　B. 操作情况　　C. 营业额　　D. 客人人数

5. 一般酒吧每月的成本率不能出现_____的误差。
   A. ±0.5%　　B. ±1%　　C. ±1.5%　　D. ±2%

三、计算题

1. 如果一杯干马天尼的成本为：金酒成本 4.8 元，干味美思成本 1 元，樱桃成本 0.2 元，而这杯酒的售价为 30 元，请计算出它的成本率。

2. 如果一杯可乐的成本率为 20%，它的成本为 2 元，请计算出这杯可乐的售价应该是多少元？

四、简答题

1. 请简述酒吧人员配备和工作安排的主要原则。
2. 简述什么是酒水成本和酒水的售价。

模拟测试题答案

一、判断题
1. ×　2. √　3. √　4. ×　5. ×　6. ×　7. √　8. √

二、单项选择题
1. D　2. B　3. A　4. C　5. A

三、计算题

1. 答案：成本率＝成本/售价＝(4.8＋1＋0.2)/30＝20%
2. 答案：成本率＝成本/售价
   售价＝成本/成本率＝2/20%＝10（元）

四、简答题（略）

第四单元　　酒水的推销

第一节　酒水推销基础

一、酒水推销

推销是把产品推向市场，推向消费者的活动。酒水的推销应该以顾客的需要为出发点，尽可能地满足顾客的需求，包括潜在的需求，使饭店获得最大的利润。

在饭店里，每一位员工都是饭店的推销员（salesman）。在饭店的整个营销计划指导下，各个部门的员工都应做好推销工作。酒吧属于饭店的接待部门，调酒师就更应负起推销员的责任。

酒水在饭店的饮食部门的营业额中，虽不占最大数额，但从获得的利润来看，则是不可低估的。通常饭店酒水的平均毛利率可达到70％，高档饭店甚至高达80％。在宴会中，酒水的消费几乎等于菜肴消费的2/3，但酒水销售所花的劳动、成本都远远比菜肴销售的成本低得多。因此提高酒水的销售额，就等于用较小的成本，取得较多的利润，为饭店赢得更大的利润。

二、市场调查

市场调查就是指收集、整理和分析旅游产品在旅游市场的各种数据，市场调查要特别强调广泛性、系统性和客观性。

市场调查是酒吧要经常进行的一项工作，随着旅游业的发展，宾馆、酒店间的竞争也越来越激烈，市场调查就越发变得必不可少了。

1. 选择调查对象

调查对象要选择同类型的酒吧或者邻近有竞争能力的酒吧。比如同星级饭店中的酒吧，附近有名气的酒吧等。

2. 调查方式

一般以客人的身份去别的酒吧调查较适合，可以边欣赏环境边索取所需资料，绝对不能像有些社会调查员那样拿着表格边询问边填写。

3. 调查内容

去别的酒吧调查主要从以下几方面着手：酒水饮品价格、装修格调、服务质量、顾客人数、营业时间、特别推销品种等。

市场调查完毕后必须写一份调查报告，将所调查对象的各项指标与自己酒吧做一比较，找出差距，不断改进，这就是市场调查的目的。

三、推销计划和策略

酒吧的推销计划一般是调酒师配合酒吧经理制定的。推销计划有长期计划，也有短期计划。无论长期计划还是短期计划，一般都要同整个餐饮部甚至整个饭店的推销计划相衔接。如果在某一个时期，饭店的餐饮部推出一项主题活动，例如"法国食品节"，那么酒吧就要考虑如何适应这项活动，除了要提供法国食品的各类配餐用酒之外，还要在酒吧的装饰布置方面，在鸡尾酒的出品方面，在推出品种方面或价格方面，应当明显地表现出法国的气氛。又如每当宴会部接到订单，酒吧要马上根据客人的资料做出各方面的准备，尽可能在极有限的时间里推销尽可能多的酒水。这即是短期计划。长期计划的制定通常和营业额挂钩，根据气候、客源的状况和节假日的客流量等，还要根据饭店的总体活动，制定出酒吧的长期推销计划。

第二节 酒水推销的渠道和技巧

一、酒水推销的渠道

推销渠道，就是为了加速产品到达最终购买者手里的流通过程所采取的一切活动。

首先，是要根据市场调查及分析的结果，制定出酒吧的长、短期推销计划，然后确定为完成这些计划所采取的一切行动。例如有关单位和团体的联系沟通，宣传广告等。

其次，与餐饮部、宴会部联合推销。通常要使酒吧取得较高的营业额，就要依赖于餐饮部和宴会部的大型宴会，所以酒吧就必须预先编制各种酒会的销售方案、品种、形式、价格，配合餐饮部和宴会部的推销，组合成配套产品，互相促进。

再次，平时酒吧里的宣传资料、酒牌等也要经常配合饭店的活动进行修改和变换，使之适应餐饮部的活动，使客人无论在哪一个角落都感觉到饭店是一个有效率的整体。

最后，酒吧不但要推销酒吧的产品，而且要推销酒吧以外的饭店的其他产品，因为调酒师有机会同客人有较长时间、较无拘束的谈话。假如酒吧里备有饭店各餐厅的餐牌、饭店各种设施的宣传资料，及时提供给客人，这样既为饭店增加销售，也为客人提供了方便，给客人留下一个极好的印象。

二、酒水推销的技巧

在营业的时间、价格、品种、分量及服务等方面都能体现出推销的技巧。

1. 时间

酒吧营业较兴旺时间是在晚上，许多酒吧为了提高酒吧的利用率，设置"快乐时光"的营业时间，在空闲的时间里（例如在下午四点钟到六点钟）半价销售酒水，由于酒水毛利高，就算半价也可以收到40%～60%的毛利率，况且这是在空闲的时间安排的。这样可以提高酒吧的吸引力，影响客人的情绪，使其认为酒吧是在为客人着想。

2. 价格的制定

一般利用消费者的心理因素，总认为一位数比两位数小，两位数比三位数小，尾数定价又可以使消费者感到销售者是经过严格核算，慎重订出的价格。根据美国消费者行为专家克鲁尔（Lee M. Krenl）等人的调查，价格在6.99美元以下的菜肴，其价格尾数常为9，而价格在7美元至10.99美元之间的菜肴，价格尾数以5为最常见。消费者常把某一价格范围看成是一个价格，如把0.86美元至1.39美元看成是1美元，把1.40美元至1.79美元看成1.5美元。那么定价时就要注意尽可能利用这种心理现象，使销售额得以提高。

3. 品种

酒吧通常销售自己几个名牌鸡尾酒，除此以外，其他酒也应当齐全，同时，还应当不时推出自己的特色酒。如果客人要求的酒水调酒师不会做，他可以请教客人，切勿不懂装懂。客人教你调一杯鸡尾酒可以使你学到新的东西，也使客人得到当教员的满足和享受。

4. 分量

调制鸡尾酒的原材料分量一定要足，但也不必故意多倒一些，因为分量差异会使整杯酒的味道完全不同，但是当客人是行家，而且指定某一种酒的分量要多的话，可以按客人的要求做，在账单上帮他多记一笔就可以了。

5. 服务

客人在客房里也可以从冰箱里取到酒水喝，但有时客人是为了找个人说说话；也可能是为了欣赏调酒师友善的面孔而来的。因此，服务可以称为调酒师推销技巧中最关键的一个环节。客人到了马上打招呼，尽可能称呼客人的姓名，使客人感到亲切。调酒师在同客人谈话时尽可能做到感情同化，尽可能站在客人的立场上看问题，站在客人的立场上说话，这会使客人感到温暖和满足。多数顾客缺少酒水知识，调酒师不但不能看不起他们，而且要通过巧妙的方式使顾客增加酒水知识，从而达到同顾客感情同化的境界。

在调酒师的工作职责范围内，虽然不一定需要很高深的营销学理论，但是"推销"这门功课是一定要做好的。

模拟测试题

一、判断题（下列判断正确的请打"√"，错误的打"✕"）

1. 在酒店里的每一位员工都是酒店的推销员。　　　　　（　　）
2. 一般酒店中菜肴成本要高于饮料成本。　　　　　　　（　　）
3. 通常酒店中饮料的平均毛利率控制在40％左右。　　　（　　）
4. 酒吧在进行市场调查时往往采用问卷式调查。　　　　（　　）
5. 酒吧推销计划由酒吧经理制定和执行。　　　　　　　（　　）
6. 酒吧设置"快乐时光"一般放在晚上进行。　　　　　（　　）
7. 酒吧酒水的定价一般都是整数，这样可以方便找零。　（　　）
8. 每个酒吧通常都有自己的特色招牌鸡尾酒。　　　　　（　　）
9. 调酒师在调制鸡尾酒时可以多倒一些，但绝不可以克扣分量。

（　　）

10. 调酒师不但要调制好酒水，推销这一门功课也一定要做好。

（　　）

二、单项选择题（下列每题有 4 个选项，其中只有一个是正确的，请将其代号填在横线空白处）

1. 酒水的推销应当以_____的需要为出发点。
   A. 社会   B. 酒店   C. 酒吧   D. 顾客
2. 一般酒店酒水的毛利率设定在_____左右。
   A. 40%   B. 50%   C. 60%   D. 70%
3. 酒吧的长期计划通常和_____挂钩。
   A. 营业额   B. 气候   C. 客源状况   D. 节假日
4. 酒吧营业较兴旺的时段是在_____。
   A. 中午   B. 下午   C. 傍晚   D. 晚上
5. 酒吧的市场调查一般采用_____的调查方式。
   A. 问卷调查   B. 观察法   C. 访谈法   D. 实验法

三、简答题
1. 请简述酒水推销计划和策略。
2. 请简述酒水推销的技巧。

模拟测试题答案

一、判断题
1. √   2. √   3. ×   4. ×   5. ×   6. ×   7. ×
8. √   9. ×   10. √

二、单项选择题
1. D   2. D   3. A   4. D   5. B

三、简答题（略）

第五单元　鸡尾酒调制与创作

第一节　鸡尾酒的调制

调制鸡尾酒是以一种或两种烈酒为"基酒"（酒底），再配以几种不同的酒或其他饮料通过一定的方法将其混合起来，使其具有色、香、味的特异风格，但并不是采用任意的配方都可以达到这种效果。

一、鸡尾酒的调制原理

鸡尾酒通常都用烈酒（金酒、威士忌、白兰地、朗姆酒、伏特加、特基拉酒等）作为基酒，再加入其他的酒或饮料，如果汁、汽水和香料等配制而成。调制鸡尾酒时烈酒可以与任何味道的酒或其他饮料相搭配，味道相同或相近的酒及饮料可以互相混合，调配成鸡尾酒，味道不相同的酒或饮料例如药味酒与水果酒，一般不宜互相混合。清淡、有汽的酒水在调制鸡尾酒时只采用兑和法和调和法。调制任何鸡尾酒，应首先放入冰块，然后是基酒，最后放配料。

二、调制鸡尾酒的步骤和注意事项

调制鸡尾酒时要特别注意先后的顺序和原则，养成一种习惯。

1. 调酒步骤

（1）先按照配方把所需用的酒水找出来，放在工作台调酒制作的专用位置。

（2）把所需用的工具、酒杯、香料、装饰品准备好。

（3）调酒、制作、出品。

（4）清理工作台，将用完的酒水放回原处。

从顺序上讲就是准备好再动手，不要边做边找酒水或工具。

2. 调酒注意事项

（1）严格按照配方分量调制鸡尾酒。

（2）酒杯要擦得透明光亮，调制时手只能拿酒杯的下部。

（3）倒酒水要使用量杯，不要随意把酒斟入杯中。

（4）使用调和法，搅拌时间不能太长，一般用中速搅拌5～10秒钟即可。

（5）使用摇和法时，动作要快、用力摇荡，摇至摇酒器表面起霜即可。

（6）使用新鲜的冰块，用搅和法时，一定要放碎冰。

（7）摇酒器和电动搅拌机每使用一次，一定要清洗一次。

（8）量杯、酒吧匙要浸泡在水中，浸泡的水要经常换。

（9）使用合格的酒水，不能随意代替或用劣质酒水。劣质的酒或饮料会完全改变酒的味道，令客人不能接受。

（10）调制好的鸡尾酒要立即倒入杯中。

（11）水果装饰要选用新鲜的水果，切好后用保鲜纸包好放入冰箱备用。隔天切的水果装饰物不能使用。

（12）尽量不要用手去接触酒水、冰块、杯边或装饰物。

第二节　鸡尾酒的装饰物

一杯好的鸡尾酒，应具备三个条件：即基酒与配料的正确选用；装饰物的恰当使用；使用正确的载杯。尤其在鸡尾酒的外观与造形方面，用杯和装饰物是不可或缺的重要因素。通常鸡尾酒的装饰材料以各类水果为主，例如樱桃、菠萝、橙子、柠檬等。不同的水果原材料，可构成不同形状与色泽的装饰物，但在使用时要注意其颜色和口味应与酒质保持和谐一致，并力求其外观色彩能吸引人的视觉，同时应伴以多样化创作，为来宾提供赏心悦目的美酒艺术享受。

使用装饰物时，可尽情地运用想像力，将各种原材料加以灵活地组合变化。装饰对创造饮品的整体风格、外在魅力有着重要作用。

一、装饰物的品种

可以用来装饰鸡尾酒的原料很多，无论是水果、花草，还是一些饰品、杯具都可以用来作为鸡尾酒的装饰物。目前流行的鸡尾酒装饰物有以下类型：

1. 水果类

柠檬、樱桃、香蕉、草莓、橙子、菠萝、苹果、西瓜、哈密瓜等。

2. 蔬菜类

小洋葱、青瓜、芹菜等。

3. 花草类

玫瑰、热带兰花、蔷薇、菊花等。

4. 饰品类

花色酒签、花色吸管、调酒棒等。

5. 酒杯类

各种异型酒杯。

6. 其他类

糖粉、盐、豆蔻粉、肉桂棒等。

酒吧常用的标准装饰物主要有：青柠檬角（Lime Wedge）、挤用柠檬皮汁（Lemon Peels For Twisting）、青柠檬圈（Lemon Wheel）、带把樱桃（Cherries Stemmed）、橄榄（Olive）、杏片（Apricot Slice）、蜜桃片（Peach Slice）、橙片（Orange Slice）、珍珠洋葱（Pearl Onion）、芹菜秆（Celery Stick）、菠萝块（Pineapple Wedge）、香蕉片（Banana Slice）、柠檬角（Lemon Wedge）、新鲜薄荷叶（Mint Julep）、刨碎的巧克力或刨碎的椰子丝、香料（Spicy）、泡状鲜奶（Whipped Cream）、肉桂棒（Cinnamon Stick）。

二、鸡尾酒装饰规律

鸡尾酒的种类繁多，在装饰上也千差万别。在一般情况下，每种鸡尾酒都有其装饰要求，因此装饰物是鸡尾酒的主要组成部分。虽然鸡尾酒种类繁多，装饰要求也千差万别，但在鸡尾酒的装饰中仍有基本规律。

1. 应依照鸡尾酒酒品原味选择与其相协调的装饰物

即要求装饰物的味道和香气须与酒品的味道和香气相吻合，并且能更加突出该款鸡尾酒的特色。例如，当制作一款以柠檬等酸甜口味的果汁为主要辅料的鸡尾酒时，一般选用柠檬片、柠檬角之类酸味水果来装饰。

2. 装饰物应增加鸡尾酒的特色，使酒品特色更加突出

这主要是针对其他类装饰物而言的。鸡尾酒其他装饰物的选取，主

要取决于鸡尾酒配方的要求，它就像选取鸡尾酒的主要成分一样重要，不容随意选取。而对于新创造的酒种，则应以考虑宾客口味为主。

3. 保持传统习惯，搭配固定装饰物

按传统习惯装饰是一种约定俗成。约定俗成的装饰在传统标准的鸡尾酒配方中尤为显著。例如，在菲士酒类中，常以一片柠檬和一颗红色樱桃来作装饰；马天尼一般都以橄榄或一片柠檬来作为装饰等。

4. 色泽搭配，表情达意

五彩缤纷的颜色固然是鸡尾酒装饰的一大特点，但是在颜色使用上也不能随意选取。色彩本身体现着一定的内涵。例如，红色是热烈而兴奋的；黄色是明朗而欢快的；蓝色是抑郁而悲哀的；绿色是平静而稳定的。灵活地使用颜色可以体现调酒师在创作鸡尾酒作品时的情感。"红粉佳人"（Pink lady）用红樱桃装饰，而"爱"（Love）却用一枝红色玫瑰来装饰，都体现着各自不同的用意。

5. 象征性的造型更能突出主题

制作出象征性的装饰物往往能表达出一个鲜明的主题和深邃的内涵。特基拉日出（Tequila Sunrise）杯上那颗红樱桃，从颜色到形体都能让人联想到灿烂的天边冉冉升起的一轮红日；而马颈（Horse Neck）杯中那盘旋而下的柠檬长条又让人联想到骏马那美丽而细长的脖子。

6. 形状与杯形的协调统一，形成鸡尾酒装饰的特色

装饰物形状与杯形二者在创造鸡尾酒外形美上是一对密不可分的要素。

用平底直身杯或高大矮脚杯，如柯林杯常常少不了吸管、调酒棒这些实用型的装饰物。另外，常用大型的果片、果皮或复杂的花形来装饰，体现出一种挺拔秀气的美感来。在此基础上可以用樱桃等小型果实作复合辅助装饰，以增添新的色彩。用古典杯时，在装饰上也要体现传统风格。常常是将果皮、果实或一些蔬菜直接投入到酒水中去，使人感受其稳重、厚实、醇正。有时也加入短吸管或调酒棒等来辅助装饰。用高脚小型杯（主要指鸡尾酒杯和香槟杯），常常配以樱桃、橘瓣之类小型水果，果瓣或直接缀于杯边或用鸡尾酒签穿起来悬于杯上，表现出小巧玲珑、丰富多彩的特色来。用糖霜、盐饰杯也是此类酒中较常见的装饰。但要切记鸡尾酒的装饰一定要保持简单、简洁。

7. 注意传统规律，切忌画蛇添足

装饰对于鸡尾酒的制作来说确实是个重要环节，但并不等于每杯鸡尾酒都需要配上装饰物，有如下几种情况是不需要装饰的：

(1) 表面有浓乳的酒品。这类酒品除按配方可撒些豆蔻粉之类的调味品外，一般情况下就不需要任何装饰了。

(2) 彩虹酒（分层酒）。是在彩虹酒杯中兑入不同颜色的酒品，使其形成色彩各异的分层鸡尾酒。这种酒不需装饰是因为那五彩缤纷的酒色已经充分体现了美。

另外，在鸡尾酒的装饰过程中，调酒师们还习惯地在制作鸡尾酒装饰物时把那些酒液浑浊的鸡尾酒的装饰物挂在杯边或杯外，而那些酒液透明的鸡尾酒的装饰物放在杯中。

三、装饰物的制作

不同色彩与不同的水果，可用来装饰不同种类的鸡尾酒，但在忙碌的酒吧营业时段，经常会没有时间来准备装饰物，因此装饰物的制作应提前准备。在准备装饰物时不要准备得太多，因为用不完的水果装饰物是不能留存过夜的。

1. 安全制作装饰物的技巧

(1) 以手指牢固地扶持着被切割的装饰物。

(2) 食指、中指微向内屈，拇指置于后端扶住被切物。

(3) 指关节作为刀面依托，可不致切到指尖。

(4) 平稳地以适当力量下刀切割蔬果。

(5) 切割时必须全神贯注。

2. 橙子切片

(1) 横放由中心下刀切成两半。

(2) 由中间直划 1/2 深的刀缝。

(3) 平面朝下每隔适当距离切片。

(4) 半月形的橙片可挂于杯边装饰。

3. 橙子、柠檬及青柠檬切圆片

(1) 水果放直，下刀划约 1 厘米深。

(2) 横放后每间隔适当距离下刀切成薄片。

(3) 切成圆片可挂于杯边装饰。

4. 柠檬角切法（一）

(1) 柠檬横放，切去头、蒂，由中央横向下刀一切为二。

(2) 切面果肉朝下，再切成四等份或八等份。

(3) 切成的柠檬角，挤出果汁后放入饮料中（一般不挂杯边）。

5. 柠檬角切法（二）

(1) 柠檬横放，切去头、蒂，由中央横向下刀一切为二。

(2) 由横切面以刀轻划入 1/2 深。

(3) 直刀切成八片新月形。

(4) 横刀切成半月形的水果片，此种不宜挤汁，应挂杯装饰。

6. 柠檬角切法（三）

(1) 头尾端切掉一部分。

(2) 由上而下直刀一切为二。

(3) 果肉朝下直刀切成两长条状（四瓣）。

(4) 横放后直刀每间隔适当距离下刀切成三角形状。

7. 长条形柠檬皮的切法

(1) 头尾切掉一小部分。

(2) 用酒吧匙把果肉挖出。

(3) 挖出果肉后，将外皮一刀切成两片。

(4) 切时由果肉部下刀，刀才不会打滑，也较省力。

8. 菠萝块的切法

(1) 选择成熟的菠萝把顶端绿叶切掉。

(2) 菠萝横放，将头尾一小截切掉。

(3) 直立后直刀而下，一切为二。

(4) 果肉朝下再直刀切成 1/4 块。

(5) 直立或横刀将果心切掉。

(6) 上端中央点划刀口至半。

(7) 再横刀切，即成三角形。

(8) 若以牙签将樱桃与菠萝叉在一起即成为菠萝旗。

9. 芹菜秆的切法

(1) 首先切掉芹菜根部带泥土的部分。

(2) 测量酒杯的高度。

(3) 切除过长不用的部分。

(4) 粗大芹菜秆可再切为二段或三段，叶子应保留。

(5) 将芹菜浸泡于冰水中以免变色、发黄或萎缩。

10. 牙签装饰的运用

(1) 牙签穿上红樱桃与橙子圆片即为橙子旗。

(2) 红樱桃也可穿上三角形柠檬。

(3) 用牙签穿上三粒橄榄或两粒珍珠洋葱。

四、鸡尾酒的分类

世界上各种混合酒约有 2 000～3 000 种，分类方法也多种多样。

1. 根据饮用时间和地点分

(1) 餐前鸡尾酒。该酒是以增加食欲为目的的混合酒，口味分甜和不甜两种。如马天尼（Martini）和曼哈顿（Manhattan）。

(2) 俱乐部鸡尾酒。在用正餐（午、晚餐）时，把俱乐部鸡尾酒代替头盆汤菜最先提供，这种混合酒色泽鲜艳，富有营养，并具有刺激性。如三叶草俱乐部鸡尾酒（Clover Club Cocktail）。

(3) 餐后鸡尾酒。几乎所有餐后鸡尾酒都是甜味酒，如亚历山大鸡尾酒（Alexander）。

(4) 晚餐鸡尾酒。晚餐时饮用的鸡尾酒，一般口味很辣。如法国的鸭臣（Absinthe）鸡尾酒。

(5) 香槟鸡尾酒。大多在庆祝宴会上饮用香槟鸡尾酒，先将调制混合酒的各种材料放入杯中预先调好，饮用时斟入适量香槟酒即可。

2. 按混合方法分

(1) 短饮类（Short drink）。也称鸡尾酒，酒精含量较高，香料味浓重，放置时间不宜过长。如马天尼（Martini）、曼哈顿（Manhattan）均属此类，通常用短杯提供。

(2) 长饮类（Long drink）。用烈酒、果汁、汽水等混合调制的酒精含量低的饮料，是一种温和的混合酒，可放置较长时间不变质，通常放在高杯中饮用，所用杯具是以酒品的名称命名的。

(3) 热饮类（Hot drink）。与其他混合酒最大的区别是用沸水、咖啡或热牛奶冲兑。如托地（Toddy）、热顾乐（Grog）等。

3. 根据鸡尾酒的基酒分类

(1) 白兰地酒（Brandy）类鸡尾酒。是以白兰地酒为基酒调制的各款鸡尾酒。如白兰地亚历山大（Alexander）等鸡尾酒。

(2) 威士忌酒（Whisky）类鸡尾酒。是以威士忌酒为基酒调制的各款鸡尾酒。如威士忌酸（Whisky Sour）、曼哈顿（Manhattan）等鸡尾酒。

(3) 金酒（Gin）类鸡尾酒。是以金酒为基酒调制的各款鸡尾酒。如马天尼（Dry Martini）、红粉佳人（Pink Lady）等鸡尾酒。

(4) 朗姆酒（Rum）类鸡尾酒。是以朗姆酒为基酒调制的各款鸡尾酒。如自由古巴等。

(5) 伏特加酒（Vodka）类鸡尾酒。是以伏特加酒为基酒调制的各款鸡尾酒。如咸狗、血玛丽等。

(6) 特基拉酒（Tequila）类鸡尾酒。是以特基拉酒为基酒调制的各款鸡尾酒。如玛格丽特鸡尾酒等。

(7) 香槟酒（Champagne）类鸡尾酒。是以香槟酒为基酒调制的各款鸡尾酒。如香槟鸡尾酒（Champagne Cocktail）等。

(8) 利口酒类鸡尾酒。是以利口酒为基酒调制的各款鸡尾酒。如彩虹鸡尾酒等。

(9) 葡萄酒类鸡尾酒。是以葡萄酒为基酒调制的各款鸡尾酒。如凯尔等。

4. 根据鸡尾酒的配制特点分类

(1) 亚历山大（Alexander）类鸡尾酒。是以鲜奶油、咖啡利口酒或可可利口酒加烈性酒配制的鸡尾酒。以摇和法调配而成，使用鸡尾酒杯。

(2) 霸克（Buck）类鸡尾酒。霸克类鸡尾酒属于长饮类鸡尾酒。它的配制方法是用烈性酒加苏打水或姜汁汽水，直接在饮用杯内用调酒棒搅拌而成。以加冰块的海波杯盛装。著名的品种有：苏格兰霸克、金霸克、白兰地霸克等。

(3) 考布勒（Cobbler）类鸡尾酒。考布勒是以烈性酒或葡萄酒为基酒，与糖浆、苏打水或姜汁汽水等调制而成，有时还加入柠檬汁，装在有碎冰块的海波杯中。著名的品种有：金考布勒、白兰地考布勒、香槟考布勒等。

(4) 柯林斯（Collins）类鸡尾酒。柯林斯有时称做考林斯或卡伦，它是由烈性酒加柠檬汁、苏打水和糖浆调配而成。用高杯盛装。如白兰地柯林斯、汤姆·柯林斯等。

(5) 库勒（Cooler）类鸡尾酒。库勒是由蒸馏酒加上柠檬汁或青柠汁，再加上姜汁汽水或苏打水调配而成，以海波杯或高杯盛装。如威士忌库勒等。

(6) 杯饮（Cup）类鸡尾酒。杯饮类鸡尾酒常常是大量配制的，而不是单杯配制。传统配方以葡萄酒为基酒，加入少量的调味酒和冰块即可。目前，杯饮类鸡尾酒有多种配方，并且也可以单杯配制。它常以葡萄酒为基酒，加上少量的利口酒或加葡萄酒或烈性酒，再加果汁或苏打水等，并点缀一些季节性水果。它常以葡萄酒杯盛装。

(7) 戴茜（Daisy）类鸡尾酒。以烈性酒配以柠檬汁、糖浆，经过摇酒器摇匀、过滤，倒在盛有碎冰块的古典杯或海波杯中，用水果或薄荷叶装饰，可加入适量苏打水。如金·戴茜（Gin Daisy）、威士忌戴茜等，都是著名的戴茜类鸡尾酒。

(8) 蛋诺（Egg Nogg）类鸡尾酒。蛋诺类鸡尾酒是传统的美国圣诞节饮料，它是由烈性酒加鸡蛋、牛奶、糖浆和豆蔻粉调配而成。可用葡萄酒杯或海波杯盛装。

(9) 费克斯（Fix）类鸡尾酒。是以烈性酒、柠檬汁、糖浆和碎冰块调制而成的鸡尾酒，以海波杯或高杯盛装，也可放适量苏打水。如金费克斯、白兰地费克斯等。

(10) 菲士（Fizz）类鸡尾酒。菲士类与柯林斯类鸡尾酒很相近。以金酒或利口酒加柠檬汁和苏打水混合而成，用海波杯或高杯盛装。有时菲士中加入蛋清与烈性酒或利口酒、柠檬汁一起调制，使酒液起泡，再加入苏打水而成。如金色菲士、银色菲士等。

(11) 菲力浦（Flip）类鸡尾酒。以蛋黄或蛋白与烈性酒或葡萄酒加糖浆调配而成，用鸡尾酒杯或葡萄酒杯盛装，如白兰地菲力浦等。

(12) 漂浮（Float）类鸡尾酒。漂浮类鸡尾酒是根据酒水的比重或密度的不同，以密度较大的酒水放在下面，密度较小的酒水放在上面的原理调制成几种不同颜色的鸡尾酒。

这种酒的调制方法是，先将含糖量最大、密度大的酒或果汁倒入杯中，再按密度由大到小依次沿着吧匙背和杯壁轻轻地将其他酒水倒入杯中，不可搅动，使各色酒依次漂浮，分出层次，呈彩带状。如天使之吻、彩虹酒等都属于漂浮类鸡尾酒。

(13) 弗莱佩（Frappe）类鸡尾酒。是把利口酒、开胃酒或葡萄酒倒在碎冰上制成的鸡尾酒。用鸡尾酒杯或香槟酒杯盛装。

(14) 海波（Highball）类鸡尾酒。海波类鸡尾酒，也称做高球类鸡尾酒，前者是英语的音译，后者是英语的意译。这类鸡尾酒以白兰地或威士忌等烈性酒为基酒，加入苏打水或姜汁汽水，在海波杯中用调酒棒搅拌而成。

(15) 朱丽（Julep）类鸡尾酒。朱丽类鸡尾酒是以威士忌或白兰地等烈性酒为基酒，加入糖浆、薄荷叶（捣烂），在调酒杯中用调酒棒搅拌而成的鸡尾酒，用放有冰块的古典杯或海波杯盛装，用一片薄荷叶装饰。如薄荷朱丽鸡尾酒等。

(16) 提神（Pick me up）类鸡尾酒。提神类鸡尾酒有不同的配方，其中，一些配方酒精含量较高，一些酒精含量较低。这类酒以烈性酒为基酒，常加入橙味利口酒或茴香酒、苦味酒、薄荷酒等提神、开胃的甜酒，再加入果汁或香槟酒、苏打水等。此外，还有一些提神类开胃酒由烈性酒、提神开胃的利口酒加上鸡蛋或牛奶组成。通常，提神类开胃酒用鸡尾酒杯或海波杯盛装。加入香槟酒的提神鸡尾酒用香槟杯盛装。

（17）帕弗（Puff）类鸡尾酒。在装有少量冰块的海波杯中，加上烈性酒和牛奶，烈性酒和牛奶通常是等量的，再加苏打水至八成满，用调酒棒搅拌而成。如白兰地帕弗、威士忌帕弗等。

（18）宾治（Punch）类鸡尾酒。宾治类鸡尾酒以烈性酒或葡萄酒为基酒加上柠檬汁、糖粉和苏打水或汽水混合而成。宾治鸡尾酒不是单杯配制的，它常以几杯、几十杯或几百杯一起配制，用于酒会、宴会和聚会等。配制后的宾治酒用切片的水果装饰并改善口味。以海波杯盛装。宾治的配制原料比较灵活，可根据宴会、客人和调酒师的需要灵活掌握。此外，不含酒精的宾治在国外越来越流行，一些宴会和聚会常常饮用由果汁、汽水和水果配制成的宾治，宾治鸡尾酒含酒精量较低。

（19）利奇（Rickey）类鸡尾酒。利奇类鸡尾酒是以金酒、白兰地酒或威士忌酒为基酒，加入青柠檬汁和苏打水混合而成的鸡尾酒。调制利奇类鸡尾酒时直接将金酒和青柠檬汁倒在装有冰块的海波杯或古典杯中，再倒入苏打水，用调酒棒搅拌均匀即可。

（20）珊格瑞（Sangaree）类鸡尾酒。珊格瑞类鸡尾酒传统上是以葡萄酒加入少量糖浆和豆蔻粉调制而成的，用有冰块的古典杯或海波杯盛装。目前，珊格瑞也有用冷藏的啤酒加上少许糖粉和豆蔻粉配制成的，也可以烈性酒为基酒加少许蜂蜜、冰块和苏打水混合而成，烈性酒和苏打水数量相等，用橙皮、豆蔻粉作装饰，盛装在古典杯或海波杯中并且常常放一支吸管。如波特珊格瑞、啤酒珊格瑞和白兰地珊格瑞等。

（21）司令（Sling）类鸡尾酒。司令类鸡尾酒是人们喜爱的一种长饮类鸡尾酒。以烈性酒加柠檬汁、糖浆和苏打水调配而成，有时加入一些调味的利口酒。其配制方法是先用摇酒壶将烈性酒、柠檬汁、糖浆摇匀后，再倒入加有冰块的海波杯中，然后加苏打水。如新加坡司令等。

（22）酸酒（Sour）类鸡尾酒。酸酒类鸡尾酒是以烈性酒为基酒加入柠檬汁和糖浆。通常，酸酒类中的酸味原料比其他类型的鸡尾酒多一些。如威士忌酸酒等。

（23）四维索（Swizzle）类鸡尾酒。它是以烈性酒为基酒，加入柠檬汁、糖浆，放入加碎冰块的高杯或海波杯中，可加上适量的苏打水，配上一个调酒棒。

（24）托第（Toddy）类鸡尾酒。以烈性酒为基酒，加入糖和水（冷水或热水）混合而成的鸡尾酒。因此，托第有冷和热两个种类。有些托第类鸡尾酒用果汁代替冷水。热托第常以豆蔻粉或丁香和柠檬片作装饰，冷托第以柠檬片作装饰，以古典杯盛装，热托第以带柄的热饮杯盛装。

第三节 鸡尾酒的创作与品尝

鸡尾酒的调制是一门技术，同时又是一门艺术，它是技术和艺术相结合的酒品。

调酒与餐厅服务、烹饪、插花等一样，也是一项技术工作，对操作者在技能方面有较高的要求。说它是一门技术，是因为在鸡尾酒的调制过程中，调酒师必须根据配方，使用各种工具，通过不同方法在相应时间内完成鸡尾酒的调配与装饰工作，将一款鸡尾酒完整地展现在客人面前，而调制方法中的摇晃、搅拌等又有一定的技术要求，需要调酒师经过长期刻苦的训练，不能一蹴而就，特别是一些高水平的调酒技艺，没有多年的操作训练，是很难达到要求的。

调酒又是一门艺术，调酒师的调酒过程实际上是一种艺术的创造过程，任何一款鸡尾酒，它的色、香、味、形的有机结合都是调酒师艺术涵养的充分体现。晶莹亮丽的酒杯，光彩夺目的酒液，恰到好处的装饰，无论从视觉，还是从味觉方面都能给人以美的享受，使人得到充分满足的感官刺激的同时，还可以在美的幻境中无限地发挥自我，因此，要想调制好一款鸡尾酒，调酒师需要具备较高的艺术鉴赏力，而创作一款新的鸡尾酒更是调酒师的创作灵感、创作意念和艺术修养的综合体现。

鸡尾酒的创作对于每一个调酒师来说实际上都是一种自我设计、自我超越、自我选择、自我欣赏的美学活动，而这一美学活动的实现又依赖于每个调酒师扎实的功底。他们必须对各种酒品的构成、特性有充分的了解，必须精通调酒的原理，遵循基本的调酒原则，将艺术灵感和技能技巧进行巧妙结合，科学创造，既基于现实，又超越现实，从而实现鸡尾酒创作的艺术和技术的统一。

一、鸡尾酒的创作原则

鸡尾酒是一种自娱性很强的混合饮料，它不同于其他任何一种产品的生产，它可以由调制者根据自己的喜好和口味特征来尽情地想像，尽情地发挥，但是，如果要使它成为商品，在饭店酒吧进行销售，那就必须要符合一定的规则,也就是说,它必须适应市场的需要,满足消费者的需求。因此,鸡尾酒的创作必须遵循一些基本的原则。

1. 新颖性

任何一款新创鸡尾酒首先必须突出一个"新"字,即在已流传的鸡尾酒中没有记载。另外,创作的鸡尾酒无论在表现手法,还是在色彩、口味等方面,以及酒品所表达的意境等都应使人耳目一新,给品尝者以新意。

鸡尾酒的新颖,在于其构思的奇巧。所谓构思就是人们根据需要而形成的设计导向,这是鸡尾酒设计制作的思想内涵和灵魂。鸡尾酒的新颖性原则就是要求创作者能充分运用各种调酒材料和各种艺术手段,通过挖掘和思考来体现鸡尾酒新颖的构思,创作出色、香、味、形俱佳的新酒品。

鸡尾酒不同于其他产品,它集诗、画等多种艺术特征为一体,形象地体现自己的艺术特色,通过给消费者以视觉、味觉和触觉等的享受,线条节奏、形式组合、光影和色调等诸因素在和谐中融为一体,因此,在创作鸡尾酒时,都要将这些因素综合起来进行思考,以确保鸡尾酒的新颖、独特。

2. 易于推广

任何一款鸡尾酒的设计都有一定的目的,要么是设计者自娱自乐,要么是在某个特定的场合为渲染或烘托气氛进行即兴创作,但更多的是一些专业调酒师为了饭店、酒吧经营的需要而进行专门的创作。

创作的目的不同,决定了创作者的设计手法也不完全一样,作为经营所需而设计创作的鸡尾酒在构思时必须遵循易于推广原则,即将它当做商品来进行创作。

首先,鸡尾酒的创作不同于其他商品,它是一种食品,首先必须满足消费者的口味需要,因此,创作者必须充分了解消费者的需求,使自己创作的酒品能适应市场的需求,易于被消费者接受。

其次,既然创作的鸡尾酒是一种商品,就必须要考虑其盈利性质,也就是说,首先要考虑其创作成本。鸡尾酒的成本由调制的主、辅料和装饰品等直接成本和其他间接成本构成,成本的高低尤其是直接成本的高低直接影响到酒品的销售价格,价格过高,消费者接受不了,会很大地影响到酒品的推广程度,因此,在创作鸡尾酒时,应当选择一些口味较好,价格又不是很昂贵的酒品作基酒进行调配,但一些创作者在创作鸡尾酒时为了追求一时的轰动效应,一味强调使用高档原料,其结果是成本居高不下，使之很难推广使用，很难流行起来。

第三，配方简洁是鸡尾酒易于推广和流行的又一因素，从以往的鸡尾酒配方来看，绝大多数配方都很简洁，易于调制，即使以前比较复杂的配方，随着时代的发展，人们需求的变化，也越来越简洁，如"新加坡司令"，当初发明的时候，调配材料有十多种，但由于其复杂的配方很难记忆，制作也比较麻烦，因此，在推广过程中被人们逐步简化，变成了现在的配方。所以，在设计和创作新鸡尾酒时必须使配方简洁，一般每款鸡尾酒的主要调配材料控制在五种以内，这既利于调配，又利于流行和推广。

第四，遵循基本的调制法则，并有所创新，任何一款新创作的鸡尾酒，要能易于推广，易于流行，还必须易于调制，在调制方法的选择上基本上不外乎摇晃、搅拌、兑和等方法。国际调酒师协会（IMB）对所有参加该协会比赛的自创酒要求都必须采用摇晃法，当然，创新鸡尾酒在调制方法上也是可以创新的。例如，将摇晃和漂浮法相结合，将摇晃和兑和法相结合调制酒品等，这在鸡尾酒调制方法上是一种突破，实践证明，这种结合为鸡尾酒的创作和调制带来了新意，同时也为拓宽鸡尾酒调制领域做出了有益的尝试。

3. 色彩鲜艳、独特

色彩是表现鸡尾酒魅力的重要因素之一，任何一款鸡尾酒都可以通过赏心悦目的色彩来吸引消费者，并通过色彩来增加鸡尾酒自身的鉴赏价值，因此，鸡尾酒的创作者们在创作鸡尾酒时都特别注意酒品颜色的选用。

鸡尾酒中常用的色彩有红、蓝、绿、黄、褐等几种，在以往的鸡尾酒中，出现得最多的颜色是红、蓝、绿以及少量黄色，而在鸡尾酒创作中这几种颜色也是用得最多的，使得许多酒品在视觉效果上不再有什么新意，缺少独创性。

色彩鲜艳、独特是鸡尾酒创作的一个重要原则，在创作鸡尾酒时不但要考虑选择鲜艳、夺目的色彩，而且还要考虑到色彩的与众不同，增加酒品的视觉效果。比如，在淡金黄色的酒液中，放入一颗绿樱桃，使得色彩搭配高雅而不落俗套。又比如，在奶蓝色的酒液上配以一颗红樱桃，使得色彩搭配更加赏心悦目。

由此可见，创作鸡尾酒，色彩的选用十分讲究，鲜艳固然重要，奇巧独特更加难得。

4. 口味独特

口味是评判一款鸡尾酒好不好以及能否流行的重要标志，鸡尾酒的创作必须将口味作为一个重要因素加以认真考虑。

　　口味卓绝的原则是要求新创作的鸡尾酒在口味上首先必须诸味调和，酸、甜、苦、辣诸味必须相协调，过酸、过甜或过苦都会掩盖人的味蕾对味道的品尝能力，从而降低酒的品质。其次，新创鸡尾酒在口味上还需满足消费者的口味需求，虽然不同地区的消费者在口味上有所不同，但作为流行性和国际性很强的鸡尾酒在设计时必须考虑其广泛性要求，在满足绝大多数消费者共同需求的同时，再适当兼顾本地区消费者的口味需求。

　　在谈到鸡尾酒创作的原则时，一位业内专家说了这样一句话："创作鸡尾酒时，颜色可以怪异、别致，但口味必须卓绝。"这句话可谓道出了鸡尾酒创作的核心。

　　此外，在口味方面还应注意突出基酒的口味，避免辅料喧宾夺主。基酒是任何一款酒品的根本和核心，无论采用何种辅料，最终形成何种口味特征，都不能掩盖基酒的味道，造成主次颠倒。

二、鸡尾酒的创作

　　鸡尾酒调制的目的就是要混合两种以上的材料，而产生令人愉快的美味，它好比一首曲调，每个音符都有它特殊的性能。

　　学会调酒并不是一件很难的事，但要学会创作一款色、香、味俱佳，又易推广的鸡尾酒却不是一件很容易的事，对于任何一个调酒师来说，扎实的酒品知识和过硬的调酒技巧是创作鸡尾酒的基础，同时，富于想像和具备一定的艺术功底又是创作鸡尾酒不可少的条件，只要勤于思考、肯钻研、多动脑、多学习，创作鸡尾酒并非高不可攀。

　　鸡尾酒的创作一般包括立意、选料、制定配方、调制、装饰等几个步骤。

1. 立意和命名

（1）立意。鸡尾酒与一般的净饮酒品不同，消费者在饮用鸡尾酒时，除了可以充分享受酒精带来的刺激感之外，还可以借助其完整的艺术形象，触景生情，浮想联翩。因此，一款好的鸡尾酒带给人的不仅仅是感官的刺激，更多的是视觉艺术的享受，精神的享受。鸡尾酒这种完美境界的实现归根到底在于酒品创作的立意。

　　立意，也就是要明确创作思想，这是鸡尾酒创作的第一步。立意，又称为创意，即确立鸡尾酒的创作意图。人类的神奇力量并非来自肢体，而是来自头脑，来自人类头脑独有的思维功能。法国思想家帕斯曾经说过,"人不过像是一株芦苇,是自然界最脆弱的东西。可是,人是会思维的。会思维,正是人脑的特别之处,从而使人类征服自然、创造社会的物质文明和精神文明,令任何其他动物都望尘莫及。"

人类凭借思维的力量,首先在头脑中构思出各种自然界本不存在的奇妙事物,并把这些设计变成实实在在的东西,创造出一个又一个"巧夺天工"的奇迹,使人类生活的空间越来越美好。鸡尾酒这种源自于生活,又丰富人类生活的尤物正是人类思维活动和思维变化的产物。人们借助自身的奇思妙想创造出了鸡尾酒,并且不断在生活中产生灵感,形成新的构思,创造出款款新的鸡尾酒品种。

好的创意来自良好的创新意识。创新意识属于性格结构中对现实、现状的态度范畴,它以思维活跃,不因循守旧,不盲从,富于创造性和批判性,具有敢于标新立异、独树一帜的精神和追求为主要特征。只有具备强烈的创新意识,才能倾心于创意,敢想前人没有想过的事,敢创前人不曾创成的业。

良好的创新意识包括四个方面的内容。

第一,炽热的求知欲望,即是对学习、通晓、掌握新知识的欲望。不停地追求新知识是创新意识的一个重要因素,鸡尾酒的创作涉及到酒品知识、酿造学、色彩学、美学等诸多学科的知识,只有不断学习,不断钻研,越来越多地掌握相关知识,才能为创作新品打下坚实的基础。

第二,好奇心。好奇心是创意、创造的萌芽,没有好奇心,就不会有创意思维。强烈的好奇心可以帮助人们选择创意方向,捕捉创新信息,激发创作思路,驱使创造行动。法国作家法朗士说过,"好奇心造就科学家和诗人。"伽利略通过教堂屋顶随风摆动的吊灯悟出了单摆运动规律;瓦特因为蒸汽冲得水壶盖跳动发明了蒸汽机等,都是因为有了强烈的好奇心,引发了重大的科学创造。强烈的好奇心对创意思维活动的巨大影响,除了使人能善于发现奇事,产生奇想,而且还能使人把心理活动集中到奇事、奇想上来,从而达到专心致志,集中注意力,迅速记忆,情绪高昂饱满,思维灵活敏捷,为创意思维的顺利开展奠定良好的基础。

第三,创造欲。创造欲是一个不满足于现成的思想、观点、方法以及物品的质量、功能,而总想在已有基础上创新立异或推陈出新的强烈欲望。有强烈创造欲的人,绝不安于现成的答案,总想自己独立探索,发现新东西,这种素质可能比智力更重要。有强烈创造欲的人富于进取心和进攻性,因而最富于创新意识,并能及早地转化为实际行动。

鸡尾酒的创作立意是关键，有了好的创意才有可能形成有特色的产品，而创意的产生又离不开良好的创新意识，只有在日常的工作、学习、生活中处处留心，时时留意，多问几个为什么，不断总结，不断提高，形成好的创意并非十分困难。任何一款鸡尾酒，有了好的创意，并借助联想，为鸡尾酒注入美的内涵，将人带入美的境界，利用一切机会增强鸡尾酒的效果。所以说，立意是创作好一款鸡尾酒的重要环节。

鸡尾酒创作的立意是多方位、多层次的，既可以源于一件事，一个人，也可以源于一景一物，触景生情，因事抒意，通过创出鸡尾酒来表达对美好事物的憧憬和向往。寻找鸡尾酒的创意可以从以下几个方面考虑。

1）联想与创意。联想与创意，就是根据一些重大事件或有历史意义的事件产生联想，从而形成鸡尾酒的创意。

世界上每时每刻都在发生着各种各样与人类生活息息相关的事件，无论是国际事件，还是国内大事，有的可以载入史册，有的则极大地影响着人们的生活，通过对这些事件的分析、理解，可以充分运用想像，设计出很多款鸡尾酒。例如"北京 2008"就是根据北京申办 2008 年奥运会这一主题而创作的鸡尾酒，表现出作者对 2008 年在北京举办奥运会的期待之情。"蓝衣军团""韩国风暴"都是以 2002 年在韩国举办的世界杯为背景创作出的鸡尾酒品，表现出作者对意大利足球队的惋惜之情和对韩国队的敬佩之心，从而引起许多足球爱好者深深的共鸣。

2）触景生情。大自然的美好景色历来是各类艺术创作的极佳素材。中国地大物博，名山胜水，处处风光无限。"泰岱的雄伟，华山的险峻，衡岳的烟云，匡庐的飞瀑，峨眉的奇秀"，还有那"水光潋滟晴方好，山色空蒙雨亦奇"的西湖，令人流连忘返，"山青、水秀、洞奇、石美"的桂林山青水秀甲天下，以及"劝君更尽一杯酒，西出阳关无故人"的塞外胜迹等，不但使古往今来的文人墨客心驰神往，而且也为他们创作传世之作提供了素材。

同样，美丽的自然风光也激发了鸡尾酒创作者的灵感，青山秀水，五彩云霞，喷薄的日出，汹涌的波涛，形成画、表于声，无不使人触景生情，浮想联翩，产生各种创作的意念和欲望。

当然，世间万物万景，只有通过我们不断悉心观察，才能悟到它们真正无穷奥妙所在，也才能使之升华为一种艺术、一种境界，并将它转化成我们创作的意念。

由"触景生情"创作出的优秀作品较多，如有表现作者对西藏美丽风光美好回忆的"布达拉宫";有描绘庐山秀丽景色的"庐山云雾";还有表现大海气势磅礴的"涛声"等。每一款鸡尾酒都像一幅画、一首诗,向人们讲述着一个个美丽的故事,传递着一个个美的信息。

3) 音乐与创作。酒吧总是和音乐联系在一起。在古典高雅的酒吧里,总是流淌着抒情柔缓的古典音乐;在简洁现代的酒吧里,总是激荡着动人心魄的流行音乐。音乐是反映社会生活的艺术,表达人们的思想情感。音乐比很多其他艺术更抽象、更直接,音乐作品的内容美与形式美是通过旋律、节奏、音符、乐调等各种因素表现出来的,而节奏与乐调有最强烈的力量浸入心灵最深处,用美来浸润心灵,使人快乐。冼星海说过,"音乐,是人生最大的快乐;音乐,是生活的一股清泉;音乐,是陶冶性情的熔炉。"我们通过音乐欣赏,深刻体会音乐的涵义,领悟音乐所表达的思想情感,无论是对生活、事业都会有很大启发,同样对鸡尾酒的创作也会有很大启发。

以音乐为题材创作的酒品虽说数量不是很多,但寓意深刻,耐人回味的作品却不少,如"蝴蝶飞舞"此款酒就是被英语歌曲"Butterfly"跳动着的旋律所感染而创作的酒品。还有"蓝色多瑙河""激情桑巴舞"等,每款酒品都表现了作者对一段美好乐曲所产生的深刻的感悟。

4) 其他。能够产生鸡尾酒创意的方面还有很多,关键在于我们要留心观察身边发现的一切,勤动脑,勤思考,发挥想像,开拓创作领域,可以形成创意的方面还有:

①爱情题材。爱情这一人生永恒的主题自古以来一直是人们谈论的话题,也是影视、音乐、歌曲等艺术领域的常用题材,同样,它也是我们进行鸡尾酒创作的极好素材,通过鸡尾酒色、香、味、形的形象手法来表现爱情的酸、甜、苦、辣。如"倩倩"是作者以女友的小名为他创作的鸡尾酒取的名字,作者要用此款酒作为送给女友的生日礼物,以表达作者对女友深深的爱意。又如作者对"爱"用一支玫瑰花作为装饰,以表达作者对恋人一心一意的爱。

②影视题材。一部优秀的影视片往往能产生深远的社会影响,给人极大的启发,通过对这些影视片深刻内涵的理解和领会,可以产生很好的鸡尾酒创作意念。例如,"泰坦尼克号""冰海沉船"等就是有感于影视片而创作的时下一些地方十分流行和深受欢迎的酒品。

③典故类题材。精彩的典故,仅凭只言片语,就能形象地点明历史人物的运筹技巧,揭示耐人寻味的人生哲理,反映历代社会风采。巧妙地采用典故,会形成设计鸡尾酒丰富的内涵。例如"虎门销烟",就是

作者运用了清朝林则徐在虎门焚毁鸦片的历史题材而创作的一款鸡尾酒品。

此外，时间、空间、人物、文化、艺术等方面都可能使我们产生创作灵感，形成创作意念。

（2）命名。鸡尾酒的历史虽不算很长，真正流行的时间也只有三四十年，但近年来，由于它融会了各国名酒，并加以巧妙的调配，很快在欧美，乃至世界各地流行，成为自娱、待客、商贸、社交中不可或缺的必备饮品，尤其是商业和文化高度繁荣的都市，更加讲究鸡尾酒的调配和品尝。认识鸡尾酒，创新鸡尾酒，首先应从其名称开始，为鸡尾酒起一个恰如其分的好名字不但可以增加鸡尾酒的吸引力，而且对消费者更好地欣赏和品尝鸡尾酒都有很大的帮助，特别是对鸡尾酒的流行和推广，亦能起到推波助澜的作用。

鸡尾酒的命名可谓千奇百怪，方法各异，从时下已经流行的鸡尾酒来看，有以植物名命名的，有以动物名命名的，也有以历史故事、历史人物、自然景观等来命名鸡尾酒的，但是从总体上来看，可以分成以下几类：

1）以酒的内容命名。以酒的内容来命名的鸡尾酒虽然说为数不是很多，但却有不少的流行品牌，这些鸡尾酒通常都是由一两种材料调配而成，制作方法相对也比较简单，多数属于长饮类饮料，而且从酒的名称就可以看出酒品所包含的内容。例如比较常见的有：威士忌可乐（Whisky Cock）、金汤力（Gin Tonic）。金汤力由金酒加汤力水调制而成。伏特加7喜（Vodka "7up"）由伏特加加七喜调制而成。此外，还有金可乐、朗姆可乐、伏特加可乐、伏特加雪碧、葡萄酒苏打等。

2）以时间命名。以时间命名的鸡尾酒在众多的鸡尾酒中占有一定数量，这些以时间命名的鸡尾酒有些表示了酒的饮用时间，但更多的则是在某一个特定的时间里，创作者因个人情绪，或身边发生的事，或其他因素的影响有感而发，产生了创作灵感，创作出一款鸡尾酒，并以这一特定时间来命名鸡尾酒，以示怀念、追忆。如"白色的阿拉斯加"就表现了阿拉斯加冬天的景色，还有"最后一班地铁""五月的阳光"等。

3）以自然景观命名。所谓以自然景观命名，是指借助于天地间的山川河流、日月星辰、风露雨雪，以及繁华都市、边远乡村等抒发创作者的情感。创作者通过游历名山大川、风景名胜，徜徉在大自然的怀抱中，尽情喜乐，尽情享受。而面对西下的夕阳，散彩的断霞，岩边的残雪，还有那汹涌的海浪，产生了无限感慨，创作出一款款著名的鸡尾酒,并用所见所闻来给酒命名,以表达自己憧憬自然、热爱自然的美好愿望,当然其中亦不乏感叹人生之苦短,惜良景不快之忧伤而作。因此,以自然景观命名的鸡尾酒品种较多,且酒品的色彩、口味甚至装饰等都具有明显的地方色彩,例如:"香山枫叶""普吉岛""蓝色夏威夷""蓝月亮"等。

4) 以颜色命名。以颜色命名的鸡尾酒占鸡尾酒的大部分,它们基本是以伏特加、金酒、朗姆酒等无色烈性酒为基酒,加上各种颜色的利口酒调制成形形色色、色彩斑斓的鸡尾酒酒品。

鸡尾酒的颜色主要是借助各种利口酒来体现的,不同的色彩刺激会使人产生不同的情感反映,这些情感反映又是创作者心理状态的本能体现,由于年龄、爱好和生活环境的差异,创作者在创作和品尝鸡尾酒时往往无法排除感情色彩的作用,并由此而产生诸多的联想。

① 红色。红色是鸡尾酒中最常见的色彩,它主要来自于调酒配料"红石榴糖浆"。通常人们会从红色联想到太阳、火、血,享受到红色给人带来的热情、温暖,甚至潜在的危险,而红色同样又能营造出异常热烈的气氛,为各种聚会增添欢乐、增加色彩,因此,红色无论是在现有鸡尾酒中还是各类创作、比赛中都得到广泛使用,如著名的"红粉佳人"鸡尾酒就是一款相当流行且广受欢迎的酒品,它以金酒为基酒,加上橙皮、柠檬汁和石榴糖浆等材料调制而成,色泽粉红,口味甜酸苦诸味调和,深受各层次人士的喜爱,以红色著名的鸡尾酒还有"新加坡司令""特基拉日出""曼台""红粉佳人"等。

② 绿色。绿色主要来自于著名的绿薄荷酒。薄荷酒有绿色、白色和红色三种,但最常用的绿薄荷酒,是用薄荷叶酿成,具有明显的清凉、提神作用,用它调制的鸡尾酒往往会使人自然而然地联想到绿茵茵的草地,繁茂的大森林,更使人感受到了春天的气息,和平的希望,特别是在炎热的夏季,饮用一杯碧绿滴翠的绿色鸡尾酒,使人暑气顿消,清凉之感沁人心脾。著名的绿色鸡尾酒有"蚱蜢""绿魔""清凉世界"等。

③ 蓝色。蓝色这一常用来表示天空、海洋、湖泊等的自然色彩,由于著名的蓝橙酒的酿制,便在鸡尾酒中频频出现,如"蓝色夏威夷""蓝色的地中海""蓝天使"等。

④ 黄色。明快、活泼、高贵的黄色来自于香草味浓郁的加里安诺利口酒、蛋诺酒与橙汁等调配而成。如用伏特加兑橙汁调制的"螺丝钻"。

鸡尾酒除了上述几种常见的色彩外，还有橙色、黑色、褐色、青色、白色、紫色等诸多色彩，可谓色彩纷呈，变化万千。

5) 以其他方式命名。上述四种命名方式是鸡尾酒中较为常见的命名方式，除了这些方式外，还有很多其他命名方式。如：

① 以花草、植物来命名鸡尾酒，如"白色百合花""郁金香""紫罗兰""黑玫瑰""雏菊""香蕉芒果""樱花""黄梅"等。

② 以历史故事、典故来命名，如"血玛丽""咸狗""太阳谷""掘金者"等，每款鸡尾酒都有一段美好的故事或传说。

③ 以历史名人来命名，如"亚当与夏娃""哥伦布""亚历山大""丘吉尔""牛顿""伊丽莎白女王""丘比特""拿破仑""毕加索""宙斯"等，将这些世人皆知的著名人物与酒紧紧联系在一起，使人时刻倾怀他们。

④ 以军事事件或人来命名，如"海军上尉""自由古巴""深水炸弹""镖枪""老海军"等。

2. 选料

任何一款鸡尾酒，有了好的创意还需通过酒品来进行具体形象的表达，因此，确定了创意后，认真、准确地选择调配材料就显得十分重要。

选择调配材料关键是要对各种酒品的特性有充分的认识，这些特性包括酒品的生产原料、生产工艺、口味特征、色泽变化、酒品比重等，如果对这些知识不了解，在酒品调制时就很难取得理想的效果。

(1) 基酒的选择。鸡尾酒是由基酒、辅料和装饰物等部分构成。可能用做基酒的材料很多，如金酒、朗姆酒、伏特加、威士忌、白兰地、特基拉酒、葡萄酒、香槟酒等，中国白酒也越来越多地被用来作基酒调制鸡尾酒。在这些酒品中，最常见的是金酒、伏特加和朗姆酒，这几种酒最大的特点就是无色透明，酒性温和，易于和其他调配材料相调和，易于与各种色酒相调配而不改变色酒的色泽，保持其色彩的鲜艳。因此，以金酒、伏特加和朗姆酒为基酒调制鸡尾酒占了鸡尾酒比例的 2/3 以上。中国白酒目前也逐步开始被引入鸡尾酒的调配之中。但是使用中国白酒作基酒时必须特别小心，因为中国白酒具有非常明显的香型特征，而且有些酒品酒香十分浓郁。例如浓香型的白酒，一般的调酒辅料很难缓和这种香味从而使调制出的鸡尾酒口味依然很冲很香。因此，在选用中国白酒作基酒创作鸡尾酒时，一方面必须注意酒品的香型，另一方面在用量上必须恰到好处。

（2）辅料的选择。鸡尾酒调制的辅料品种很多，酒性各异，这是在选料中最需要技术的工作。能否通过这些调配材料正确表现酒品的色、香、味，以表达创作者所要表示的创作意图，很大程度上都在于这些调酒辅料的取舍。

调酒辅料的选择是围绕着鸡尾酒的创意进行的，无论是酒的颜色，还是口味都要能非常贴切地表达作者的创作思想，否则，就失去了创作的意义，在选择辅料时要着重注意的有两个方面的问题：一是颜色，二是口味。

1）颜色的选择。不同颜色具有各自不同的深刻含义，这在鸡尾酒的命名中已经有过阐述，但毕竟成品酒的颜色是有限的，如果要适应创作的需要就必须对色彩的调配原理有充分的认识，利用有限的颜色调配出五彩缤纷的酒品。

红色，象征着活力、健康、热情和希望，可选用的酒品有红石榴糖浆、金巴利等，用红色我们还可以调配出淡红、粉红、紫红、宝石红等。

橙色，象征着兴奋、欢乐、活泼、华美，主要可以通过橙汁来体现，也可以用红色和黄色混合调配成橙色。

黄色，表示温和、光明、快乐等，可选用的酒品有蛋黄酒、加里安诺等，以此还可以调配出淡黄、金黄、橙黄等色彩。

绿色，象征着青春、冰爽、嫩雅、和平，主要是通过绿薄荷酒来表现，但也可以以此调配出嫩绿、墨绿等色彩。绿色也可以由黄色、蓝色混合而成。

蓝色，是秀丽、清新、宁静的象征，单色酒品有蓝橙酒。但蓝色可以和红色调配出名贵高雅的紫色，可以和柠檬汽水调配出邮政绿色，还可以和绿色调配出象征希望、庄重的青灰色。

褐色表示严肃和淳厚，可选用的酒品有咖啡甘露等，也可选用可乐类碳酸饮料。

色彩是审美活动的重要组成部分，鸡尾酒的创作本身就是一个创造审美的过程，正确选择色彩显得尤其重要，但是，同一种色彩针对不同的消费对象所产生的联想效果并不完全相同，因而在色彩的选择上还应考虑到成品酒的消费群体，根据不同的消费群体的需求进行有针对性的选择。

此外，创作鸡尾酒时，应把握好不同颜色原料的用量，用量过大则颜色偏深，用量过小则颜色偏浅，颜色过深过浅都会对酒品的整体效果带来影响，同时对表达酒品的主题也会造成影响。因此，掌握不同颜色原料的调配用量是同等重要的。

2）口味的选择。口味的选择对表现鸡尾酒的创意有很重要的意义。从心理学的角度分析，味是一种感觉。它是人脑对客观事物的个别特性的反映，是由人们接触各种食品、饮料时，味刺激神经所引起的。

"味"的内涵很丰富，在日常生活中使用也很广泛，例如人们常用"趣味"来形容使人愉快，使人感到有意思、有吸引力；常用"意味深长"来形容诗词、歌赋、文章的内涵；对值得记忆和回忆的事情用"回味无穷"等词来形容。诸如此类，都是因为人们用心留意某种事物、某件事，并借用食品的"味"来作比喻。但是在日常生活中，绝大多数人对于味的概念并不很清楚。

《现代汉词词典》中对"味"的解释有两层意思，一是物质所具有的能使舌头得到某种味觉的特性，即滋味；二是物质所具有的能使鼻子得到某种嗅觉的特性，即气味。可见，味是滋味和气味的有机结合。人们在鉴赏食品或酒品时，实际上是"滋味、气味、触感"三方面的综合感受，是味觉、嗅觉和触觉三者的协同作用。

鸡尾酒和菜肴一样，它的味道的形成一方面是来自基酒，另一方面是来自调酒辅料，通过调配或者更加突出基酒的口味特性，或者形成新的口味，给消费者以全新的感觉。

我们通常把味分成酸、甜、苦、辣、咸五种。

酸是尖刻、刺激。常用含酸类材料有柠檬汁、青柠汁、橙汁等。

甜是温馨、柔和。它可以通过糖粉、糖浆、蜂蜜、各种利口酒来体现。

辣是火热、激烈。它一方面来自一些基酒本身的辣味，也可以出自辣椒粉、辣淑油等调配材料。

苦是苦涩、艰辛。鸡尾酒的苦味主要来自于金巴利、苦精、西柚汁等调配材料。

酸甜相配，刚柔相济，清新和爽。

甜苦相合，热中有凉，苦中有乐，犹如寒夜之炉火，阴霾中之阳光。

酸辣为伍，淋漓刺激，如炎夏之暴风骤雨。

咸甜相遇，柔和适口。

凡此种种，两味复合，遂成新味，但又不难分辨出两种基本个性味，于云雾中见真面目。善于调味的人就要善于掌握各种基本味的特性，使其在味的大合唱中扮演恰当的角色，构成完美的乐章。

鸡尾酒创作能否成功，关键在于对口味的选择及口味搭配的和谐完美，并通过口味来表达酒品的主题思想。

能否正确选择恰当口味的酒品，首先应对各类酒品的基本口味特征有所了解。基酒美奠定了酒品口味的基础，也是确定一款鸡尾酒有别于其他酒品的关键。可用做基酒的材料中，伏特加、朗姆酒相对较平和，金酒含有杜松子的微苦，威士忌、白兰地带有酿酒木桶所特有的辛辣、刺激口味，而中国白酒除了酒品本身所具有的浓郁香型外，辛辣刺激之味也非常明显，这些都是我们在选择材料时必须掌握和知道的。

作为调味的辅料种类繁多，口味各异，利口酒的甜腻，柠檬汁的酸涩，茴香酒、苦精等，选用时需慎而又慎，若选择不当，就可能会导致酒品口味怪异，无法让人接受。

虽然利口酒都是以甜味为主，但由于利口酒在酿制过程中加香材料的不同，最终成品的口味也有很大差异，概括起来说，利口酒的口味可以分成水果、植物、香草等几大香味类型。

水果香味的利口酒占有很大比例，这类利口酒采用各种水果作为调香调味材料，成品酒具有十分浓郁的果香，常见的有：

柑橘类利口酒是以各种柑、橘、橙的皮、肉等经过浸泡、熬煮等方法生产的，柑橘类利口酒的酸、苦、甜诸味和谐，容易和各种口味的酒品相调配，因此，在鸡尾酒调制中得到了广泛的使用，从色泽上看，它又有白、蓝两种颜色，而其中以白色柑橘类利口酒使用最为广泛。

樱桃类利口酒是以樱桃为调香调味材料生产的，其口味甜腻、醇厚。

杏仁类利口酒是以杏仁为调香材料，具有浓烈、明显的杏香味，这类利口酒在选用时需慎重，因杏仁味较强，容易掩盖其他酒品的味道。

此外，还有香蕉味利口酒、桃子味利口酒、草莓味利口酒、梅子味利口酒等，这些酒品都具有口味甜腻、果味明显等特征，在调配鸡尾酒时选择面较广，对拓展鸡尾酒的创作领域有很大帮助。

植物香型的鸡尾酒，是利用植物的根茎、种子等作为调香调味材料生产的利口酒，不同的材料产生的最终口味特征也不完全相同，常用的植物有茶叶、薄荷、月桂、玫瑰、可可、茴香、丁香、豆蔻等。其中薄荷利口酒、茴香类酒品、可可甜酒在鸡尾酒调制中使用较多，尤其是绿薄荷酒，无论是口味和颜色都给鸡尾酒世界增添无穷色彩。

香草类利口酒通常又称为药草类利口酒，即用各种药材作为调香调味材料生产的利口酒,这类酒品在口味上非常独特,药材味很重,因此在选择时必须特别注意创作的需要。

用不同口味的材料经过科学组合和精心调配创造出各种口味独特的饮品是鸡尾酒创作中的又一技巧。

以奶类制品、鸡蛋和各种口味独特的利口酒可以调制出绵柔香甜,圆润醇滑的酒品。

以柠檬汁、青柠汁等酸型材料混合利口酒、糖浆等可以调配出酸甜适度,酒香浓郁的酸味鸡尾酒。

以各种新鲜果汁,特别是现榨果汁可以与众多基酒或利口酒调配出果香浓郁,柔润爽口的饮品。

以各类碳酸类饮料,辅之以不同颜色、口味的利口酒可以调制出大量风格迥异的清凉型饮品。

总之,随着人们生活水平的改善和提高,对酒品口味的要求也越来越高,加上区域性口味的差异,使得创作鸡尾酒口味的选择余地越来越大,只要悉心研究并掌握了人们的不同需求,创作相应口味的酒品并不是一件十分困难的事情。

3. 配方的制定

确定标准配方,亦称制定标准酒谱,是保证酒品色、香、味等诸因素达到和符合规定标准和要求的基础,因此,不论创作什么样的鸡尾酒,都必须制定相应的配方,规定酒品主辅料的构成,描述基本的调制方法和步骤。

标准酒谱包括鸡尾酒名称、载杯、主辅料及用量、调制方法、创意、口感特征等几个方面,这一方面是专业规范的要求,另一方面对宣传、推广及详细介绍酒品有一定帮助。

自创酒的配方是围绕着创意进行设计的,通过明确的创意进行主辅料的合理选择和配比,并通过对调制的酒品进行色、香、味、形等方面的鉴赏和评估,进行不断的修改、调整,最后形成。配方的制定,实际上就是确定了酒品最终的构成,酒品的好坏,以及能否被客人最终认可,关键在于创作者对鸡尾酒创作原则的掌握程度,因此,在制定配方时,必须始终以鸡尾酒的创作原则为依据,根据创作的指导思想进行精心设计。

在鸡尾酒的创作原则中,"易于推广"是一个非常重要的原则。所谓易于推广,除了制作方法简洁易行,能满足消费者的口味需要等要求外,经济实惠是一个十分重要的创作要求。制定配方,特别是一份完整的标准配方,其目的就是为了达到鸡尾酒创作的要求,即通过配方达到有效控制成本的目的。任何一款鸡尾酒,特别是当做商品销售的鸡尾酒都必须进行严格的成本控制,而鸡尾酒进行成本控制的重要手段之一就是制定标准配方。每款酒品都必须在标准配方中明确规定基酒、辅料以及装饰材料的用量,并根据各种酒品的进货价计算出每款鸡尾酒的成本以及该酒的售价和成本率,此外,一旦标准配方形成后,就不再轻易进行变动和更改,这对确保调制出的鸡尾酒品质的统一也是十分有益的。

4. 择杯

鸡尾酒载酒的选择取决于酒量的大小和创作的需要,所谓酒是体、杯是衣、人靠衣装、酒靠杯装,载杯的选择在鸡尾酒创作中起到十分重要的作用。

鸡尾酒杯的品种较多,从其质地来看,有金属杯、瓷杯、玻璃杯等,其中以玻璃杯用途最广。玻璃杯的质地也有许多种,有用砂子、纯碱和石灰石为原料制成的普通玻璃杯;有用含硼氧化物、钾硅酸盐、三氧化硅为原料制的防震、抗高温的派热克斯杯(Pyres);有用砂子、红铅、钾硅盐为原料制成的铅化杯(Lead Crestal),这种杯子声音清脆,透明度极高;还有用黏土、二氧化硅和稀有金属制成的钢化杯(Pyroceran),它特别防震、防碎、并且耐高温。从酒杯的形状来看更是五花八门,各种各样,高低不一,粗细不均,大小有致。这些不同质地,不同形状的酒杯用来盛装各种不同风格的鸡尾酒,美酒配美杯,相得益彰。

酒杯是酒品色、香、味、形中"形"的重要组成部分,传统的鸡尾酒杯是三角形或倒梯形的高脚杯,在创作鸡尾酒时选择传统酒杯是一种常见的做法,但为了能更好地表现创作者的创作思想,构造鸡尾酒与众不同的"形",往往在杯具的选择上需动一番脑筋。

选择自创酒杯时,一方面可以利用酒吧现有杯具,如常见的鸡尾酒杯、高杯、柯林杯、酸酒杯等;另一方面也可以选择一些与酒品主题相吻合的特形杯,如著名的鸡尾酒"曼台(Maitai)",它是一款描写夏威夷土著风情的著名酒品,该酒的载杯突破了普通玻璃杯的选择,挑选了用陶土制成的直筒杯,杯身绘有代表夏威夷土著的图腾。使人一边饮酒,一边就能欣赏到夏威夷土著的图腾艺术。又如一些酒店研制的圣诞特饮,载杯的设计也是别出心裁,利用红衣红帽的圣诞老人形象设计成杯具,让饮用者一目了然。当然,这些杯具由于造型的关系,在使用时受到一定时间和区域的限制,难以在鸡尾酒创作时广为流传,但这对我们挑选杯具会有一些启发。另外,由于现代科技的发展,各种异形杯具也层出不穷,为我们进行鸡尾酒创作带来了极大方便,例如"马颈"就选用高杯,将柠檬皮垂入杯中,使人联想起骏马细长的脖子。

此外,选择杯具时还应考虑载杯的容量,杯具的大小必须符合配方的需要。

干净光亮的酒杯是表现鸡尾酒艺术形象的一个重要因素,因此,在选择载杯时,仔细检查杯具的卫生是必不可少的重要内容,鸡尾酒杯必须做到清洁干净,光亮无破损。

5. 调制

创新鸡尾酒在调制过程中,必须注意两点:一是调制方法的选择,一是根据创作意图进行配方的修改。

关于鸡尾酒的调制方法,在初级调酒一书里已有详细描述,在此不再赘述。自创酒在调制方法的选择上应该遵循鸡尾酒调制的基本法则和规定,但是在这基础上仍可以根据立意或根据创作者的想像加以发展。按照国际惯例,创新鸡尾酒必须采用摇和法进行调制,也就是说,任何一款自创的鸡尾酒品都必须用摇酒壶摇制而成,或者在调制方法中至少必须包含摇和法。调制方法的选择也能反映出创作者的创作思路和意图,为了使创作的鸡尾酒与众不同,更具吸引力,很多创作者在选择调酒方法时往往根据酒品或主题的需要,选择两种或两种以上的方法,其目的一是增加制作难度,二是增加调制过程中的表演性。常见调制方法有摇和与搅组合、摇和与兑和组合、摇和与调和组合、摇和与漂浮组合,还有摇和、搅和、兑和组合等,选择何种组合、何种方法完全根据创作需要。

鸡尾酒创意的形成,配方的制定仅仅反映了创作者的一种良好愿望,如何将这一愿望付诸实施,使创作的酒品受消费者喜爱,将理想变为现实,这是一个理论到实践的飞跃,为了使得这一飞跃顺利实现,创新鸡尾酒在调制过程中必须对设计的配方重新评估。调制过程实际是把构想转变为成品的过程,经过调制而成的鸡尾酒在色、香、味等诸方面是否与创意相吻合。能否完全表达创作者的意图,需要对酒品再次进行检验,并通过检验,对已形成的配方进行调整和修改,但此时的调整是微调,即对配方中各种材料的用量进行适当调整,使酒品的色、香、味等因素更和谐,更协调,更能充分表达创作意图。这种调整就如同做化学、物理实验一样,有时需要经过无数次的失败才能取得成功,一旦调整结束,最终的配方就形成了,此时再根据经营的需要,将它制作成标准酒谱，列入酒单进行销售。

6. 装饰

艺术装饰是鸡尾酒调制的最后一道工序，创新鸡尾酒也不例外。装饰目的有两个：一是调味，二是点缀。鸡尾酒的装饰并无固定模式可循，完全取决于创作者的审美眼光，特别是用于点缀的装饰，创作者完全可以根据自己的喜好，结合创作要求任意发挥。

可用于鸡尾酒装饰的材料很多，其中使用最多的是各类水果，例如：柠檬、橙、苹果、香蕉、菠萝、白兰瓜、樱桃等，这些水果既可以切成片、块、角用于装饰，也可以利用皮，甚至整个水果进行装饰，还可以根据需要将它们雕切成各种造型，通过这些造型来表达酒品的主题思想。例如"韩国风暴"的作者将哈密瓜果肉挖成圆球形装饰鸡尾酒，来象征足球，与鸡尾酒的主题联系到一起。除水果外，可用于鸡尾酒装饰的材料还有很多，如各种花草、各类艺术酒签、小花伞等，它们都可以通过创作者构思出种种造型。

制作装饰物是创作者表现其艺术才华的极好机会，通过装饰物的制作，创作者可以将自己的艺术构思和艺术才华得到淋漓尽致的发挥，李砚祖在他的《工艺美术概论》中对装饰是这样描述的，装饰作为一种艺术方式，它是以程序化、规律化、程式化、理想化为要求，改变和美化事物，形成合乎人类需要，与人类审美观念相统一、相和谐。装饰不同于修饰、粉饰、涂饰、矫饰，不是做表面文章，文过饰非，而是一种改造，一种创新，一种新的整合。如今广泛运用于生产、生活及艺术的各个部门、领域中的装饰艺术，以形成美的规律和法则为其基本依据，运用各种材料，采用各种手法以达到对对象最完美的装饰效果。

不同的装饰手法，不同的装饰风格，其审美意义也不完全相同，带给人们的心理感受也不一样，鸡尾酒的装饰道理也是一样。以下介绍几种不同的装饰风格带给人们的审美感受。

（1）繁缛与简洁。这是一对用来形容装饰的整体效果的描述。繁缛指的是产品的装饰风格，无论是造型的形式结构，还是色彩的对比搭配，或是在线条的变化曲折，甚至装饰材料的选择，都偏重于精雕细琢，特别强调装饰意味。简洁则是在造型上尽可能简单，线条流畅，色调单纯，没有过多的做作。

随着时代的发展，生活节奏的加快，生活方式的简化、方便、快捷，人们对于过分雕琢、装饰的产品的欣赏越来越少，对于灵活、轻巧、简洁、大方的装饰品越来越欢迎，特别是鸡尾酒这样的小件艺术品，其简洁的装饰不但不掩盖酒品的功能，而且更加能衬托其功能之美，使人一目了然。

（2）古雅与明快。这也是用来形容产品外观装饰效果的一对范畴。被称为具有"古雅"之美的产品往往构图严谨、色彩凝重、讲究传统，寓意深刻含蓄，耐人寻味。明快是一种给人以明朗、欢快风格的美感，这类装饰一般花色图案自由活泼，线条奔放流畅，色彩鲜艳明亮，给人的感觉是轻盈俏丽、健康清新，并且富有情感意味，使人感到亲切动人。

（3）华美与含蓄。这是用于体现产品在造型、色彩、装饰风格上的综合效果。华美是指一件产品的装饰风格具有很强的刺激人的感官的作用，能够一下子抓住消费者的心，因而它往往造型精巧别致，色彩浓艳华丽，形象生动逼真，材料昂贵稀有，充分体现了技巧的高超精湛和制造的复杂困难，因而它具有一种夺人气魄，给人一种富丽堂皇的华丽之美，正因为如此，往往会使得产品本身应有的实用价值被消费者所忽视。例如，在一次自创酒考核中，有一位考生特意从家中带来了一只镶有金边的水晶玻璃杯，作为他自创酒的载杯，他本想取得考评老师的好感，但是恰恰相反，就是因为这只水晶玻璃杯，使他的整个作品给考评老师留下了一个华而不实的印象，自然就得不到好的成绩。

含蓄的装饰往往初看起来并不使人感到新奇，也没有引人注目的刺激性，但却十分耐人寻味，可以长时间地吸引人的注意力，这类装饰一般来说造型优美动人，色彩淡雅宁静，形象含而不露，装饰手法朴素亲切，它虽不能引起人的冲动，却令人越看越爱，越欣赏越有兴趣。例如一款名为"爱"的鸡尾酒，酒品本身清新爽洁，仅用一支含苞待放的红玫瑰放在杯边装饰，其简洁明快，意味深长，用一支玫瑰花来代表对恋人一心一意的爱，看似平淡，却能起到画龙点睛之妙用。又如一款名为"探戈"的鸡尾酒，用酒签将两个半颗红、绿樱桃穿在一起，代表了一男一女两位舞者，正随着探戈舞曲翩翩起舞。其寓意含蓄委婉，既很好地表达了酒品的主题，又能吸引人的注意力，使人产生无限的遐想，可谓匠心独具。

如果说华美给人的感受如电闪雷鸣，一下子引起人的惊叹兴奋，又很快消失的话，那么含蓄给人的感觉就好似绵绵细雨，逐渐地浸入人的心田，而且久久令人回味。

装饰物只是鸡尾酒创作的一个极小部分，虽然对其制作没有明确的限制和规定，但从调酒的实践来看，仍然有一些规则可循。

首先，材料选择要恰当，这是易于流行的鸡尾酒创作的一条重要原则。这一原则在强调酒品色香味的同时，对鸡尾酒的装饰也同样提出要求，那就是装饰材料的选择必须具有一定的普遍性，鸡尾酒的创新鼓励使用一些独特的装饰材料，但不主张使用受地域性和季节性限制的材料，因为这些材料对鸡尾酒酒品的流行和普及有较大影响。例如使用干冰制造迷雾效果，如果使用得当确实可以使酒品的艺术氛围得到升华，但毕竟干冰目前在很多地区不普遍存在，加之无形中成本的增加，使得这种能产生较好效果的材料在使用上受到限制。

其次，装饰品制作宜简不宜繁。鸡尾酒的装饰物重在点缀，妙在画龙点睛，切忌繁杂，喧宾夺主，避免繁杂的装饰物给制作带来困难，这一方面是酒品易于流行的需要，另一方面，也是人们审美的需要。同时，鸡尾酒在调制时间上也有要求，任何一款鸡尾酒，在调制完成后应该在最佳时间内递送给客人，这个最佳时间一般为鸡尾酒调制完毕2～3分钟内，超过这个时间，酒品温度升高，甚至酒品中一些调配材料口味的变化都会使酒品失去应有的风味。因此，在鸡尾酒调制好后应迅速装饰好，尽快递送给客人，如果装饰物过于复杂，装饰时花费过多时间，对鸡尾酒会产生很大影响，在历次考核或调酒大赛中，这种现象都出现过。此外，过分复杂的装饰物也影响了消费者对酒品的品尝，使得酒品有华而不实之嫌，因此，任何一款鸡尾酒的装饰物都应当遵循简洁易做原则，切不可哗众取宠，主次不分。

任何一款鸡尾酒，其外观应该有很大的吸引力，艺术装饰往往会成为一款酒的标志，饮用者看到盛载的杯子、酒品的颜色，以及它的装饰物，也就可以大致猜到它是一杯什么款式的鸡尾酒，或哪一类的酒品。鸡尾酒的艺术装饰物，除了能够使人欣赏其别致的造型外，由于富于变化的色彩，它还能给人以视觉上美的享受，并产生一系列丰富的联想，使鸡尾酒的艺术美得到进一步升华。同时，不断更新、变化装饰物，也能激起人们尝试鸡尾酒的更大乐趣。

三、鸡尾酒的品尝

作为调酒师，特别是有经验的调酒师，不但要懂得调制鸡尾酒，而且要会品尝、鉴别调制好的鸡尾酒品种。

品尝分为三个步骤：观色、嗅味、尝试。调好的鸡尾酒都有一定的颜色，观色可以断定配方分量是否准确，例如"红粉佳人"调好后呈粉红色；"青草蜢"调好后呈奶绿色；"干马天尼"调好后清澈透明如清水一般。如果颜色不好，则整杯鸡尾酒就要重新做，不能售给客人。也不必再去试味了。更明显的如彩虹鸡尾酒，观其层色有无浑浊便可断定是否合格。

嗅味是用鼻子去闻鸡尾酒的香味，但在酒吧中进行时不能直接拿起整杯酒来嗅味，要用酒吧匙。凡鸡尾酒都有一定的香味，首先是基酒的香味，其次是加进辅料酒或饮料香味，如果汁、甜酒、香料等各种不同的香味。变质的果汁会使整杯鸡尾酒报废。

品尝鸡尾酒不能像喝水那样，要一小口一小口地喝，入口后要停顿一下再吞咽，细细地品尝，才能分辨出多种不同的味道。

第四节　50款鸡尾酒配方

一、以金酒为基酒的鸡尾酒

1. 布朗士（Bronx）
    基酒：1盎司金酒（Gin）
    辅料：1盎司干味美思（Dry Vermouth）
    　　　1/4盎司甜味美思（Sweet Vermouth）
    　　　1/2盎司橙汁（Orange Juice）
    制法：摇和法，先把冰块放入摇酒器中，然后将基酒和辅料量入其中，用力摇匀后滤入三角鸡尾酒杯中，最后用一颗红樱桃挂杯装饰。

2. 吉列特（Gimlet）
    基酒：1½盎司金酒（Gin）
    辅料：1/2盎司青柠汁（Lime Juice）
    制法：调和法，先将冰块放入阔口香槟杯中，用量杯将基酒和辅料量按配方入杯中，用酒吧匙轻轻搅拌数下，最后切一圆片柠檬装饰。

3. 黄金菲士（Golden Fizz）
    基酒：2盎司金酒（Gin）
    辅料：1盎司柠檬汁（Lemon Juice）
    　　　1盎司白糖浆（Syrup）
    　　　1盎司淡奶（Cream）
    　　　1个鸡蛋（Egg）

苏打水（Soda Water）

制法：搅和法，先将冰块放入电动搅拌机中，用量杯将基酒和辅料按配方倒入其中，放入 1 个鸡蛋，以中速搅拌 15 秒左右，然后将酒液和冰块一起倒入柯林杯中，最后轻轻斟入苏打水至八成满。用吸管穿樱桃放入酒杯，柠檬片挂杯装饰。

4. 风流寡妇（Merry Widow）

   基酒：3/4 盎司金酒（Gin）

   1/2 盎司当酒（Benedictine）

   1/4 盎司白兰地（Brandy）

   制法：调和滤冰法，先将冰块放入调酒杯中，用量杯将基酒量入其中，用酒吧匙搅拌至冻，过滤冰块，将酒液滤入鸡尾酒杯中，最后用红樱桃挂杯装饰。

5. 百万富翁（Millionaire）

   基酒：1 盎司金酒（Gin）

   辅料：1/2 盎司柠檬汁（Lemon Juice）

   1/4 盎司甜味美思（Sweet Vermouth）

   1/4 盎司红石榴汁（Grenadine）

   制法：调和滤冰法，先将冰块放入调酒杯中，用量杯将基酒和辅料量入其中，用酒吧匙搅拌至冻，过滤冰块将酒液滤入鸡尾酒杯中，最后用红樱桃挂杯装饰。

6. 利格诺尼（Negroni）

   基酒：1½ 盎司金酒（Gin）

   1/2 盎司金巴利酒（Campair）

   1/2 盎司甜味美思（Sweet Vermouth）

   制法：调和滤冰法，先将冰块放入调酒杯中，用量杯将基酒量入其中，用酒吧匙搅拌至冻，过滤冰块将酒液倒入鸡尾酒杯中，最后削一根长柠檬皮扭曲后垂直放入杯中装饰。

7. 粉红金（Pink Gin）

   基酒：1 盎司金酒（Gin）

   4 滴安哥斯特拉比特酒（Argostura Bitter）

   1/2 盎司清水（Water）

   制法：兑和法，先将 4 滴安哥斯特拉比特酒滴入阔口香槟杯中，用手拿起香槟杯轻轻转动，使暗红色的安哥斯特拉比特酒沾在酒杯壁上，然后放入 3 块冰块，用量杯量入金酒和清水。此酒做好后可以从阔口香槟杯外看见淡淡的粉红色。

8. 特色鸡尾酒（Perfect Cocktail）

   基酒：1½ 盎司金酒（Gin）

   1/2 盎司干味美思酒（Dry Vermouth）

   3/4 盎司甜味美思酒（Sweet Vermouth）

   制法：调和滤冰法，先将冰块放入调酒杯中，用量杯将基酒量入其中，用酒吧匙搅拌滤出冰块后，将酒水倒入鸡尾酒杯中，最后用酒签穿樱桃放入杯中装饰。

9. 银菲士（Silver Fizz）

   基酒：1½ 盎司金酒（Gin）

   辅料：1½ 盎司柠檬汁（Lemon Juice）

   3/4 盎司白糖浆（Syrup）

   4 盎司鲜奶（Cream）

   1 个鸡蛋清（Egg White）

   制法：搅和法，将冰块放入电动搅拌机的容器中，用量杯将基酒和辅料量入容器中，中速搅拌约 10 秒钟左右，然后连冰块带酒水一起倒入柯林杯中，最后用吸管穿红樱桃、柠檬片挂杯装饰。

10. 亚历山大姐妹（Alexander Sister）

    基酒：1 盎司金酒（Gin）

    辅料：1/2 盎司绿薄荷酒（Green Creme de Menthe）

    3/4 盎司淡奶（Cream）

    制法：摇和法，先将冰块放入摇酒器中，用量杯将基酒和辅料量入其中，用力摇匀至冻，过滤冰块，将酒水滤入鸡尾酒杯中，最后用红樱桃挂杯装饰。

11. 杜本内鸡尾酒（Dunbonnet）

    基酒：1½ 盎司金酒（Gin）

    1 盎司杜本内（Dubonnet）

    制法：调和滤冰法，先将冰块放入调杯内，用量酒杯将酒按配方量入其中，用酒吧匙搅拌至冻，过滤冰块将酒液倒入鸡尾酒杯中，最后用酒签穿红樱桃放入杯中装饰。

二、以威士忌为基酒的鸡尾酒

1. 古典鸡尾酒（Old Fashioned）

基酒：1½盎司美国波本威士忌（Bourbon Whiskey）
辅料：3滴安哥斯特拉比特酒（Argostura Bitter）
　　　1/4盎司白糖浆（Syrup）
　　　苏打水（Soda Water）
制法：调和法，先将冰块放入平底杯中，用量杯将基酒和辅料按配方量入其中，用酒吧匙搅拌至冻，然后倒入适量苏打水，最后切柠檬角，用酒签穿红樱桃放入杯中装饰。

2. 诺罗尔（Rob Roy）
基酒：1½盎司苏格兰威士忌（Scotch Whisky）
辅料：1盎司甜味美思酒（Sweet Vermouth）
制法：调和滤冰法，先将冰块放入调酒杯中，用量杯将基酒和辅料量入杯中，用酒吧匙搅拌至冻，过滤冰块，将酒水滤入鸡尾酒杯中，最后用酒签穿红樱桃放入杯中装饰。

3. 生锈钉（Rusty Nail）
基酒：1½盎司苏格兰威士忌（Scotch Whisky）
辅料：1盎司杜林标（Drambuie）
制法：调和滤冰法，先将冰块放入调酒杯中，用量杯将基酒和辅料量入其中，用酒吧匙搅拌至冻，过滤冰块，将酒水滤入鸡尾酒杯中，最后用酒签穿红樱桃放入杯中装饰。

4. 爱尔兰咖啡（Irish Coffee）
基酒：1盎司爱尔兰威士忌（Irish Whisky）
辅料：1小包白糖（Sugar）
　　　鲜奶油（Cream）
　　　1杯热咖啡（Hot Coffee）
制法：先将爱尔兰威士忌倒入爱尔兰咖啡杯中，用酒精灯加热酒杯，点燃威士忌，用手拿着酒杯轻摇数秒钟，放1小包白糖，冲入热咖啡后用酒吧匙搅拌，最后挤上搅拌过的鲜奶油。

三、以白兰地为基酒的鸡尾酒
1. 白兰地卡斯特（Brandy Crusta）
基酒：1盎司白兰地（Brandy）
辅料：1/2盎司橙乔力梳酒（Orange Curacao）
　　　1盎司橙汁（Orange Juice）
　　　1/2盎司柠檬汁（Lemon juice）

制法：摇和法，将冷冻过的阔口香槟杯从冰箱中取出，将其倒放在放有细砂糖的碟子中转两圈，让杯口边缘均匀地沾上细砂糖。将冰块放入调酒壶中，量入基酒和辅料，用力摇匀后滤入做好糖口的阔口香槟杯中，最后用红樱桃挂杯装饰。

2. 香槟鸡尾酒（Champagne Cocktail）
   基酒：1/2 盎司白兰地（Brandy）
   香槟酒（小瓶装）（Champagne）
   辅料：3 滴安哥斯特拉比特酒（Argostura Bitter）
   1 块方糖（Syrup）
   制法：兑和法，先将小瓶装香槟酒从冰箱中取出并打开瓶盖，然后将一块方糖放在酒吧匙上，将安哥斯特拉比特酒直接滴在方糖上，把方糖放入郁金香形香槟杯中，用量杯量入白兰地后倒入香槟酒至八成满，不用搅拌。最后切一片柠檬皮轻扭后放入杯中即可。注意做这个鸡尾酒时要用小瓶装的香槟酒，如果没有只能数杯一起出售。因为香槟酒一经打开，二氧化碳就会跑掉，鸡尾酒的质量就难以保证。

3. 马颈（Horse's Neck）
   基酒：1½ 盎司白兰地（Brandy）
   辅料：干姜水（Ginger Ale）
   制法：调和法，先将冰块放入柯林杯中，用量杯倒入白兰地，斟入干姜水至八成满，用酒吧匙搅拌，放入吸管，最后用小刀像削苹果皮一样将整个柠檬皮削下来，不能断裂，将其一端放入酒杯，另一端挂在杯沿装饰。

4. 史丁格（Stinger）
   基酒：1½ 盎司白兰地（Brandy）
   1 盎司白薄荷酒（White Creme de Menthe）
   制法：调和滤冰法，先将冰块放入调酒杯中，用量杯将基酒和辅料量入其中，用酒吧匙搅拌至冻，过滤冰块，将酒水滤入鸡尾酒杯中，最后用酒签穿红樱桃放入酒杯装饰。

5. 旁车（Side Car）
   基酒：2 盎司白兰地（Brandy）
   辅料：1/4 盎司君度酒（Cointreau）

　　　　　1/2 盎司柠檬汁（Lemon Juice）
　　制法：摇和法，先将冰块放入摇酒器中，用量杯将基酒和辅料
　　　　　按配方量入其中，用力摇匀后滤入鸡尾酒杯中，最后切
　　　　　柠檬片放入杯中装饰。
　6. 皇室咖啡（Cafe Royal）
　　材料：1 盎司白兰地（Brandy）
　　　　　1 块方糖（Sugar）
　　　　　鲜奶油（Cream）
　　　　　1 杯热咖啡（Hot Coffee）
　　制法：先将咖啡倒入咖啡杯中，将方糖放在茶匙上，用白兰地
　　　　　浸泡，点燃白兰地几秒钟后将酒和方糖一起倒入咖啡杯，
　　　　　用茶匙搅拌后挤上搅拌过的鲜奶油。

四、以朗姆酒为基酒的鸡尾酒

　1. 香蕉德奇利（Banana Daiquiri）
　　基酒：1½ 盎司百家地朗姆酒（Bacardi Rum）
　　辅料：1/2 盎司君度酒（Cointreau）
　　　　　3/4 盎司柠檬汁（Lemon Juice）
　　　　　半根香蕉（Half Banana）
　　制法：搅和法，先把冰块放入电动搅拌机中，将基酒和辅料量
　　　　　入其中，以中速搅拌约 10 秒钟，将酒水和冰一起倒入阔
　　　　　口香槟杯中，最后用樱桃挂杯装饰。
　2. 两者之间（Between the Sheet）
　　基酒：3/4 盎司百家地朗姆酒（Bacardi Rum）
　　　　　3/4 盎司君度酒（Cointreau）
　　　　　3/4 盎司白兰地（Brandy）
　　辅料：3/4 盎司柠檬汁（Lemon Juice）
　　制法：摇和法，先将冰块放入摇酒器中，用量杯将基酒和辅料
　　　　　量入其中，用力摇匀后过滤冰块，将酒水倒入鸡尾酒杯
　　　　　中，用樱桃挂杯装饰。
　3. 热托蒂（Hot Toddy）
　　基酒：1½ 盎司黑朗姆酒（Dark Rum）
　　辅料：2 片柠檬（Lemon）
　　　　　5 粒丁香（Lilac）
　　　　　3/4 盎司白糖浆（Syrup）

热开水（Hot Water）

制法：调和法，先切 2 片柠檬片，将 5 粒丁香均匀地插在 2 片柠檬之间放入果汁杯或高杯里，用量杯将基酒和白糖浆量入杯中，用调酒棒插几下，然后倒入热开水至八成满，用调酒棒搅拌即可。热托蒂可以治疗感冒，黑朗姆酒也可以用白兰地代替。

4. 曼台（Mai Tai）

基酒：1 盎司白朗姆酒（Light Rum）

1 盎司黑朗姆酒（Dark Rum）

1/2 盎司橙乔力梳酒（Orange Curacao）

辅料：2 盎司菠萝汁（Pineapple Juice）

1/2 盎司柠檬汁（Lemon Juice）

1/2 盎司白糖浆（Syrup）

制法：调和法，先把冰块放入平底杯中，用量杯量入基酒和辅料，用酒吧匙搅拌后再量入黑朗姆酒，插入吸管，用酒签穿樱桃切菠萝角挂杯装饰。

5. 椰林飘香（Pina Colada）

基酒：2 盎司白朗姆酒（Light Rum）

$1\frac{1}{2}$ 盎司椰子甜酒（Creme de Coconut Syrup）

辅料：1 盎司柠檬汁（Lemon Juice）

3 盎司菠萝汁（Pineapple Juice）

1 盎司淡奶（Cream）

1/2 盎司糖浆（Syrup）

制法：搅和法，先将冰块放入电动搅拌机的容器中，用量杯将基酒和辅料按配方量入容器中，中速搅拌约 5 秒钟左右，然后连冰块带酒液一起倒入特饮杯中，用酒签穿红樱桃和菠萝角挂杯装饰。

6. 桑比（Zombie）

基酒：1 盎司白朗姆酒（Light Rum）

辅料：1 盎司柠檬汁（Lemon Juice）

5 盎司橙汁（Orange Juice）

1/2 盎司橙乔力梳酒（Orange Curacao）

1/4 盎司红石榴汁（Grenadine）

1/2 盎司黑朗姆酒（Dark Rum）

制法：调和法，先将冰块放入柯林杯中，用量杯将黑朗姆酒以外的基酒和辅料量入杯中，用酒吧匙搅拌均匀，最后洒上黑朗姆酒，放入一根吸管，切橙角用酒签穿红樱桃装饰。

7. 探戈（Tango）

基酒：1 盎司百家地朗姆酒（Bacardi Rum）

辅料：1/4 盎司甜味美思酒（Sweet Vermouth）

1/4 盎司干味美思酒（Dry Vermouth）

1/4 盎司当酒（Benedictine）

1/4 盎司橙汁（Orange Juice）

制法：调和滤冰法，先将冰块放入调酒杯中，用量杯将基酒和辅料量入其中，用酒吧匙搅拌至冻，过滤冰块，将酒液滤入鸡尾酒杯中，最后用酒签将各半个红绿樱桃穿在一起，放入杯中装饰。

8. 新月（New Moon）

基酒：1½ 盎司白朗姆酒（Light Rum）

辅料：1/2 盎司香蕉甜酒（Creme de Banana）

1/4 盎司白可可酒（White Creme de Cacao）

1/4 盎司樱桃白兰地（Cherry Brandy）

制法：调和滤冰法，先将冰块放入调酒杯中，用量杯将基酒和辅料量入其中，用酒吧匙搅拌至冻，过滤冰块，将酒液滤入鸡尾酒杯中，最后用红樱桃挂杯装饰。

五、以伏特加为基酒的鸡尾酒

1. 环游世界（Around the World）

基酒：1½ 盎司伏特加（Vodka）

辅料：5 盎司菠萝汁（Pineapple Juice）

3/4 盎司绿薄荷酒（Green Creme de Monthe）

制法：调和法，先在柯林杯中放入半杯冰块，将伏特加和菠萝汁量入杯中，用酒吧匙搅拌后量入绿薄荷酒，使薄荷酒沉入酒杯底部，效果是上面黄色，下面绿色。用酒签穿上红樱桃和菠萝挂杯边装饰，最后放入一根吸管。

2. 琪琪（Chi Chi）

基酒：3/4 盎司伏特加（Vodka）

1½ 盎司椰子甜酒（Cream of Coconut Syrup）

辅料：3 盎司菠萝汁（Pineapple Juice）

1½ 盎司柠檬汁（Lemon Juice）

1½ 盎司淡奶（Cream）

1½ 盎司白糖浆（Syrup）

制法：搅和法，先将少量冰块放入电动搅拌机中，再用量杯按配方中的基酒和辅料量入其中（注意：最后放淡奶，否则会和柠檬汁产生反应。做出来的鸡尾酒分层，下面如清水，上面如豆腐脑），以中速打 10 秒钟后，连冰带酒水一起倒入特饮杯（Hurricane Glass），最后切菠萝角，用酒签穿上樱桃挂杯装饰。这杯酒应呈奶白色。

3. 渥班格（Harvey Wallbanger）

基酒：1½ 盎司伏特加（Vodka）

辅料：4 盎司橙汁（Orange Juice）

3/4 盎司嘉连露酒（Galliano）

制法：调和法，先将冰块放入平底杯中，用量杯量入伏特加和橙汁，用酒吧匙搅拌后再将嘉连露酒洒在酒面上，使其漂浮在酒面上，用橙角穿樱桃挂杯装饰。

4. 咸狗（Salty Dog）

基酒：1½ 盎司伏特加（Vodka）

辅料：3 盎司西柚汁（Grapefruit Juice）

制法：调和法，先用一片柠檬片擦拭平底杯口，然后倒放在有细盐的碟子中旋转两圈，让杯口均匀地沾满盐，在杯中放入冰块，用量杯量入基酒和辅料，用酒吧匙搅拌均匀即可，不用装饰。

5. 俄罗斯人（Russian）

基酒：1 盎司伏特加（Vodka）

辅料：3/4 盎司金酒（Gin）

3/4 盎司白可可酒（White Creme de Cacao）

制法：调和滤冰法，先将冰块放入调酒杯中，用量杯将基酒和辅料量入其中，用酒吧匙搅拌至冻，过滤冰块，将酒液滤入鸡尾酒杯中，最后切柠檬角挂杯装饰。

六、以特基拉为基酒的鸡尾酒

1. 日出（Tequila Sunrise）

基酒：2 盎司特基拉酒（Tequila）

辅料：4盎司橙汁（Orange Juice）

　　　1/2盎司红石榴汁（Grenadine）

制法：调和法，先将冰块放入白葡萄酒杯中，用量杯将特基拉酒和橙汁量入酒杯中，用酒吧匙搅拌均匀，最后倒入红石榴汁，使红石榴汁沉入杯子底部，不用装饰。

2. 尼克佳人（Nake Lady）

基酒：1盎司特基拉酒（Tequila）

辅料：1/2盎司君度甜酒（Cointreau）

　　　3/4盎司青柠汁（Lime Juice）

制法：摇和法，先切一片柠檬擦拭鸡尾酒的杯口，把它倒放在有细盐的碟中旋转两圈，使其杯口均匀地沾上细盐。在摇酒器中放入冰块，用量杯将基酒和辅料倒入其中，用力摇匀，过滤冰块，将酒液滤入做好盐口的三角鸡尾酒杯中，不用装饰。

3. 蓝色玛格丽特（Blue Margarta）

基酒：1盎司特基拉酒（Tequila）

辅料：1/2盎司蓝橙酒（Blue Curacao）

　　　3/4盎司青柠汁（Lime Juice）

制法：摇和法，先切一片柠檬擦拭鸡尾酒的杯口，把它倒放在有细盐的碟中旋转两圈，使其杯口均匀地沾上细盐。在摇酒器中放入冰块，用量杯将基酒和辅料倒入其中，用力摇匀，过滤冰块，将酒液滤入做好盐口的三角鸡尾酒杯中，不用装饰。

七、以其他酒为基酒的鸡尾酒

1. 美国佬（Americano）

基酒：1½盎司金巴利酒（Campari）

　　　1½盎司甜味美思（Sweet Vermouth）

辅料：苏打水（Soda Water）

制法：调和法，在柯林杯中放入半杯冰块，将基酒量入杯中，倒入苏打水至八成满，吸管穿红樱桃放入杯中，切一片柠檬皮（1cm×3cm），用手轻扭后放入柯林杯中。

2. 金色卡地拉（Golden Cadillac）

基酒：1½盎司嘉连露酒（Galliano）

　　　3/4盎司白可可酒（Creme de Cacao）

辅料：1 盎司淡奶（Cream）

制法：摇和法，先将冰块放入摇酒器中，用量杯将基酒和辅料量入其中，过滤冰块将酒液滤入三角鸡尾酒杯中，不用装饰。

3. 蚱蜢（Grass Hopper）

基酒：3/4 盎司白可可酒（Creme de Cacao）

3/4 盎司绿薄荷酒（Green Creme de Monthe）

辅料：3/4 盎司淡奶（Cream）

制法：摇和法，先将冰块放入摇酒器中，用量杯将基酒和辅料按配方量入其中，过滤冰块，把酒液倒入鸡尾酒杯中，不用装饰。

4. 黄金梦（Golden Dream）

基酒：1 盎司嘉连露酒（Galliano）

1/2 盎司君度酒（Cointreau）

辅料：1 盎司橙汁（Orange）

1/2 盎司淡奶（Cream）

制法：摇和法，先将冰块放入摇酒器中，用量杯将基酒和辅料按配方量入其中，用力摇匀后倒入阔口香槟杯中，用樱桃挂杯装饰。

5. 柯尔（Kir）

基酒：3/4 盎司黑加仑子酒（Creme de Cassis）

白葡萄酒（White Wine）

制法：兑和法，先用量杯将黑加仑子酒斟入郁金香形香槟杯中，加入"饭店专用"白葡萄酒至八成满即可，不用冰块和装饰。白葡萄酒换成香槟酒就成为"皇室柯尔"（Royal Kir）。

6. 庄园宾治（Planter's Punch）

材料：3 盎司橙汁（Orange Juice）

2 盎司菠萝汁（Pineapple Juice）

3/4 盎司柠檬汁（Lemon Juice）

1/2 盎司红石榴汁（Grenadine）

雪碧汽水（Sprite）

1 盎司黑朗姆酒（Dark Rum）

制法：调和法，先将冰块放入柯林杯中，用量杯将橙汁、菠萝汁、柠檬汁、红石榴汁按配方量入杯中，倒入雪碧至八成满，用酒吧匙搅拌，然后在酒面上洒上黑朗姆酒，最后切菠萝角用酒签穿红樱桃和菠萝角挂杯装饰。

7. 黄雀（Yellow Bird）
   基酒：1 盎司嘉连露酒（Galliano）
   辅料：1½ 盎司菠萝汁（Pineapple Juice）
   制法：调和滤冰法，先将冰块放入调酒杯中，用量杯将基酒和辅料量入其中，用酒吧匙搅拌至冻，过滤冰块，将酒水滤入鸡尾酒杯中，不用装饰。

8. 冷爵士乐（Cool Jazz）
   基酒：1 盎司干白葡萄酒（White Wine）
   　　　3/4 盎司香蕉甜酒（Creme de Banana）
   辅料：1/2 盎司青柠汁（Lime Juice）
   　　　1 片香蕉（Banana）
   制法：摇和法，先将冰块放入摇酒器中，用量杯将基酒和辅料量入其中，用力摇匀后将酒液滤入鸡尾酒杯中，最后切一片香蕉放入杯中。

9. 草裙（Grass Skirt）
   基酒：1 盎司椰子甜酒（Creme de Coconut Syrup）
   　　　1/2 盎司朗姆酒（Rum）
   辅料：1 盎司菠萝汁（Pineapple Juice）
   　　　1/2 盎司青柠汁（Lime Juice）
   制法：摇和法，将冰块放入摇酒器中，用量杯将基酒和辅料量入其中，用力摇匀后将酒液滤入香槟杯中，不用装饰。

10. 彩虹五色酒（Rainbow）（Porsse Cafe）
    基酒：1/5 盎司红石榴汁（Grenadine）
    　　　1/5 盎司绿薄荷酒（Green Creme de Menthe）
    　　　1/5 盎司白薄荷酒（White Creme de Menthe）
    　　　1/5 盎司蓝乔力梳酒（Blue Curacao）
    　　　1/5 盎司嘉连露酒（Galliano）
    制法：兑和法，使用餐后甜酒杯。
    （1）用酒吧匙紧贴杯壁，将红石榴汁等基酒依次沿着酒吧匙轻轻倒入甜酒杯中，各层次之间不能互相混合。

(2) 每个层次之间的分隔线要求清楚,如同刀切状。

(3) 每个层次的高度要求一致。

(4) 在倒入最上面一层酒后要求形成一满杯酒。

11. 万里长城（The Great Wall）

基酒：3 盎司长城白葡萄酒（Great Wall White Wine）

辅料：3/4 盎司金巴利酒（Campari）

3/4 盎司伏特加（Vodka）

苏打水（Soda Water）

制法：调和法，先将冰块放入柯林杯中，用量杯将基酒和辅料量入杯中，用酒吧匙搅拌至冻，最后插入吸管切橙片挂杯装饰。

12. 杏子白兰地冷饮（Apricot Cool）

基酒：1½ 盎司杏子白兰地（Apricot Brandy）

辅料：3/4 盎司柠檬汁（Lemon Juice）

1/4 盎司红石榴汁（Grenadine）

苏打水（Soda Water）

制法：调和法，先将冰块放入柯林杯中，用量杯将基酒和辅料量入杯中，用酒吧匙搅拌至冻，最后吸管穿红樱桃放入杯中，切柠檬片挂杯装饰。

13. B—52 轰炸机（B—52 Bomber）

基酒：3/4 盎司咖啡甜酒（Kahlua）

3/4 盎司百利奶酒（Bailey's）

3/4 盎司君度酒（Cointreau）

制法：兑和法，使用餐后甜酒杯。

(1) 用酒吧匙紧贴杯壁，将咖啡甜酒等基酒依次沿着酒吧匙轻轻倒入甜酒杯中，各层次之间不能互相混合。

(2) 每个层次之间的分隔线要求清楚，如同刀切状。

(3) 每个层次的高度要求一致。

(4) 在倒入最上面一层酒后要求形成一满杯酒。

模拟测试题

一、判断题（下列判断正确的请打"√"，错误的打"×"）

1. 清淡、有汽的酒水在调制鸡尾酒时只采用兑和法和调和法。（ ）

2. 量杯和酒吧匙不能一直浸泡在水中，这样容易使其生锈。（ ）

3. 酒吧调酒师可以根据客人的需要适当增减配方分量。（ ）

4. 在自创鸡尾酒时要求采用摇和法进行调制。（ ）

5. "红粉佳人""蚱蜢""天使之吻"都是以颜色来命名的。（ ）

6. 除了六大基酒，不能用其他的酒水来作为调制鸡尾酒的基酒。（ ）

7. 亚历山大（Alexander）类鸡尾酒是以鲜奶油、咖啡利口酒或可可利口酒加烈性酒配制的鸡尾酒。（ ）

8. 钢化杯是用黏土、二氧化硅和稀有金属制成，它特别防震、防碎、并且耐高温。所以我们现在的酒吧基本上都采用钢化杯。（ ）

9. 品尝鸡尾酒应分为观色、嗅味和尝试这三个步骤来进行。（ ）

10. 创作鸡尾酒选择辅料时，要着重注意颜色和口味。（ ）

二、单项选择题（下列每题有4个选项，其中只有一个是正确的，请将其代号填在横线空白处）

1. 鸡尾酒通常使用_____作为基酒。
    A. 烈酒   B. 利口酒   C. 葡萄酒   D. 香槟酒

2. 一般我们都采用_____来装饰干马天尼。
    A. 红樱桃   B. 柠檬片   C. 橄榄   D. 菠萝

3. "蚱蜢"这款鸡尾酒是以_____来命名的。
    A. 内容   B. 时间   C. 自然景观   D. 颜色

4. 布朗士（Bronx）的基酒是_____。
    A. 金酒   B. 威士忌   C. 白兰地   D. 伏特加

5. 黄金菲士（Golden Fizz）是使用_____调制方法来制作的。
    A. 兑和法   B. 调和法   C. 摇和法   D. 搅和法

6. 诺罗尔（Rob Roy）是采用_____为基酒调制的。
    A. 苏格兰威士忌   B. 爱尔兰威士忌

C. 波本威士忌　　D. 加拿大威士忌

7. 白兰地卡斯特（Brandy Crusta）是以_____为装饰的。
   A. 红樱桃　　B. 糖口　　C. 盐口　　D. 豆蔻粉

8. 马颈（Horse's Neck）是以_____作为辅料的。
   A. 苏打水　　B. 汤力水　　C. 干姜水　　D. 橙汁

9. 桑比（Zombie）的载杯是_____。
   A. 平底杯　　B. 柯林杯　　C. 鸡尾酒杯　　D. 香槟杯

10. B—52轰炸机（B—52 Bomber）中间的一层是_____。
    A. 君度酒　　B. 伏特加
    C. 咖啡甜酒　　D. 百利奶酒

三、简答题
1. 请简述鸡尾酒的调制原理。
2. 请简述调制鸡尾酒的注意事项。
3. 请说出鸡尾酒的配制特点、分类及鸡尾酒名称（至少三种）。

模拟测试题答案

一、判断题
1. √　　2. ×　　3. ×　　4. √　　5. ×　　6. ×　　7. √
8. ×　　9. √　　10. √

二、单项选择题
1. A　　2. C　　3. D　　4. A　　5. D　　6. A　　7. B　　8. C
9. B　　10. D

三、简答题（略）

第六单元　　调酒与色彩

一、色彩

在原始社会，人类就懂得颜色能够增加物体的美感。我们的祖先早在2 000多年前，就把颜色用于装饰、美化服装，而且已具有一定的染色工艺水平。

随着科学的发展，人们对颜色的认识逐步有了更深的理解。人们认识到，颜色是由于物体对光的反射而产生的，它与人类生活十分密切。如：橙色具有较强的刺激性，千米之外也能看见，所以人们就利用它作为海上、空中、陆地的一种醒目的信号。绿色能使人轻松，看书疲倦时，抬头见绿，眼睛的疲劳就会减轻，在许多场合它也是一种使人镇静的颜色，但在绿色环境里时间过长又会使人减弱食欲。

色彩对人的感情来说具有生理效应，它影响着人的情绪、精神和心理。通过不同色彩的应用，能在人的心理上产生冷暖、明暗、远近、轻重、大小的感觉以及兴奋与忧郁、紧张与轻松、烦躁与安静的情绪变化。成功地处理色调，使其协调、柔和，冷暖色搭配得当，无刺激性，能让人在主观感觉上对物品产生良好的感觉。

1. 色彩的三要素

色彩都离不开色相、明度、纯度这三要素。

（1）色相。各种色彩的"相貌"称"色相"，如红、橙、黄、绿、蓝、紫六种标准色。

（2）明度。明度是指色彩的明暗程度，亦称亮度。在彩色系（指带彩的色）中，每种颜色的明亮都不相同，其中以黄色最亮，紫色最暗；

在无彩色系中以白色最亮,黑色最暗。按照明暗程度,可做如下排列:白色、黄色、黄橙及橙色、黄绿及绿色、红橙色、青绿色、纯红色、青色、暗红色、青紫色、紫色、黑色。同一颜色的明度,取决于与黑白两色调配的程度,白色程度高,则明度强;黑色程度高,则明度弱。在配色时,如果两种色彩的明度过于接近,则会产生单调、模糊、主次不分的效果。

(3)纯度。纯度又称饱和度和彩度,是色彩的鲜艳程度,是指颜色中所含黑、白、灰成分的程度。标准色的纯度最高,色彩最鲜艳。如果在标准色中混入白色或黑色,其色彩的纯度就下降。一般来说,纯度高的色彩感觉强烈、鲜艳、活跃、刺激;纯度低的色彩感觉持重、柔和。

2. 冷暖色

自然界各种颜色还可分为冷、暖两类。红、黄和倾向于红、黄的颜色称为暖色。绿、蓝和倾向于绿、蓝的颜色称为冷色。暖色给人以温暖、兴奋、热情、艳丽、刺激的感觉;冷色给人以清静、冷淡、阴凉、安静、舒适、新鲜感。

3. 三原色

红、黄、蓝是色彩中最基本的颜色,简称三原色。用这三种颜色可以调出各种颜色。三原色中任何两色混合调出的颜色称为间色,如红和黄调配出的橙色。间色再加另一间色或原色调配而成的颜色称为复色。

4. 各种色彩的含义和运用

(1)红色。红色是最鲜艳的色彩,富有多种含义。总的来说它的含义有:温暖、热情、警惕、庄严、富丽和艳丽、刺激等。如节日里张灯结彩,用红色就显得喜气洋洋;大厅铺上深红色的地毯就显得热情和富丽堂皇;交通使用红灯表示停止行驶和危险,能引起人们的注意和警惕等。

(2)黄色。黄色近似金色,有庄严、光明、亲切、柔和、活泼的含义。黄色是佛教的教色,也是封建帝王专用的颜色。鲜黄色较为刺目;土黄色、褐黄色和奶黄色较为柔和。

(3)蓝色。蓝色冷静、和平、深远、冷淡、阴凉、永恒、悠久。深蓝色则有阴暗感,过多使用易引起忧郁沉闷。

(4)白色。白色纯洁、柔弱、素雅、干净、轻爽、明快。白光起反射作用,光度过强容易刺目,并有寂寞、冷淡之感。

(5)黑色。黑色表示悲哀、失望,使用得当也有沉静大方之感。黑白两色都属极色,达到色彩的极端。黑色使人感到消沉,缺乏生气,但也不是一概不能用，也要视具体情况而定。

(6) 紫色。淡紫色有舒适感，深紫色有厌倦感。用淡紫色作装饰则显得轻快富丽，安定幽雅，但淡紫色不宜作主色使用。

(7) 绿色。青天之色，活泼而有生气，对视力有益。淡绿色调容易和其他色调相调和，便于配色。深色调的如墨绿、绿灰等色沉而没有抑郁感。

(8) 灰色。灰色属于中性色，它包括光谱中的七色，所以与任何色彩搭配都很协调。

(9) 橙色。橙色庄严富丽，布置适宜会有金碧辉煌之感。橙色是我国的民族色彩。

二、色彩的组合

在红、橙、黄、绿、蓝、紫六种标准颜色中，红、黄、蓝三种颜色称为三原色。通过原色的适量混合，可以产生出无穷的色相来。例如，通过三原色中任何两种的等量混合，可以产生出橙、绿、紫三种间色来，即：

红色＋黄色＝橙色；

黄色＋蓝色＝绿色；

蓝色＋红色＝紫色。

间色与间色、间色与原色之间也可以进一步混合，产生复色。如：

橙色＋绿色＝柠檬色；

绿色＋紫色＝橄榄色；

紫色＋橙色＝朽叶色。

复色与复色、复色与间色、复色与原色间还可以进一步混合，配出其他颜色。如：

白色＋黄色＝奶黄色；

白色＋黄色＋红色＝红黄色；

白色＋黑色＝灰色；

白色＋蓝色＋黑色＝蓝灰色；

白色＋黄色＋蓝色＝湖绿色；

蓝色＋黄色＋黑色＝墨绿色；

白色＋蓝色＋黑色＝蓝灰色；

白色＋蓝色＝天蓝色；

白色＋红色＋黄色＝肉红色；

白色＋红色＝粉红色；

红色＋黑色＝紫红色；
黄色＋红色＋黑色＝棕色；
黄色＋黑色＝浅柚木色；
黄色＋黑色＋红色＝深柚木色。

1. 同色调和

使用同一色相，在纯度和纯度上加以变化，把这些色彩分别配置到室内各种设备上，称为同色调和。

2. 关系色调和

取某一间色和包含在该色中的任何一个原色相调和，称为关系色调和。例如绿色是由黄、蓝二色配成，绿与黄或绿与蓝之间即为关系色。这种关系色处理得当，能给人以舒服和协调的感觉。

3. 补色调和

三原色中两原色调配的间色与另一原色互为补色，它们互不包含对方的色彩成分，放在一起相互排斥，呈现跳跃、新鲜的效果。例如红与绿调和在一起，红显得更红，绿也显得更绿。所以补色处理得好能相映成趣。但处理不好，会引起强烈的刺激感和流于庸俗。所以补色调和在选配上很有讲究。掌握好补色调和，关键在于补色之间的面积不可平均，明度、纯度不可相同。互为补色的两种色彩，应一为主色、一为宾色。主色的面积大，铺排多，宾色的面积小，铺排少，二者绝对不能分庭抗礼，正所谓"万绿丛中一点红"。所谓明度和纯度不同，是指主色和宾色在深浅、鲜艳的饱和度上不可相同。如果主色的饱和度是90％，补色也同样是90％，就会失去补色调和的作用。因此只有深浅有别，鲜艳不同，才能分清主次轻重，相映成趣。

三、人对色彩的感受

人们在生活中感受自然界的千变万化，对各种色彩形成各种不同的反射，产生观感上规律性的概念。我们在调制酒品特别是创作鸡尾酒时也要适应这种感观上的要求。

颜色主要通过眼睛使人产生感觉。红色使人兴奋，蓝色使人冷静，黄色使人愉快，黑色使人沉闷。红、橙、黄系列的色调称为暖色调；蓝、绿、青系列的色调称为冷色调；黑、白、灰等称为中性色调。这些就是人们常说的色彩的心理效应。人类感觉色彩的过程是个复杂而微妙的生理、心理、化学和物理过程。五颜六色一经进入人的眼帘，除能引起人们产生冷暖、明暗、远近、轻重、大小等感觉外，还能产生兴奋、忧郁、紧张、轻松、烦躁、安定等心理效果。

1. 色彩的重量感

色彩能在人的心理上产生"轻"与"重"的感觉，这是因为人对色彩有联想作用。例如，看到白色就会联想到"轻飘飘"的雪花，由黑色联想到"沉甸甸"的铁块等。根据人的联想作用，我们得出：冷色和明度高的色彩看起来轻些，暖色和明度低的深色感觉重些，称之为"重量原理"。色彩的这种特性在创作鸡尾酒时极为重要。在两色相配时，较深的颜色应摆在较浅的颜色下面。如果两种颜色倒置，会感到头重脚轻，没有稳定感。掌握了色彩的重量原理，就可以把握住上浅、下深的用色原则。

2. 色彩的冷暖感

色彩的冷暖感同色彩的重量感一样，也起源于人们对色彩的联想作用。例如，从红、橙、黄色想到火焰、太阳，从白、蓝、蓝绿想到雪、海洋、绿荫。一般来说把有温暖感的红、橙、黄等颜色称为暖色，把有冷凉色的蓝绿、蓝等颜色称为冷色，把感觉不冷不暖的灰色等称为中性色。暖色能给人以温暖、兴奋、刺激的感觉，冷色则给人以清凉、沉静、安定的感觉。

3. 色彩的空间感

色彩的空间感包含两方面的内容：一是大小感，一般来说，明度高的着色体感觉上会显得大些；明度低的显得小些。二是远近感，即有些色彩让人感到突出、近些；而有些则让人感到远些、隐约些。一般暖色和明度高的颜色（如橙、黄、白）有近感，冷色和明度低的颜色（如蓝、紫、黑）有远感。

4. 色彩的情绪感

（1）动与静的感觉。暖色为动感色，明度和纯度越高，动感越强；冷色为静感色，明度和纯度越低，色彩对比越弱，动感也就越弱。

（2）兴奋与平静。红色、橙色、紫色等能使人产生兴奋感；黄绿色、绿色、蓝色使人产生平静感；黄色和紫色是既不使人产生兴奋，也不使人感到平静的中性色，它具有柔和、安定、平稳的感觉。

（3）色彩的软硬感。一般来说，低明度色彩属于硬感色，高明度色彩属于软感色；高纯度和低纯度色彩有硬感，中等纯度有软感。

（4）明快与忧郁感。高明度和高纯度的色彩有明快感；深暗和浑浊的色相呈忧郁感。

5. 色彩与酒吧、调酒

无论是对酒吧的装饰布置还是鸡尾酒创作，掌握色彩知识都是十分重要的。色彩的搭配、组合，色调的应用都可以起到画龙点睛的作用。一杯鸡尾酒的好坏，颜色的正确使用更是特别明显，因为颜色是人们对鸡尾酒的第一感官认识，良好的第一印象将是成功的关键。

模拟测试题

一、判断题（下列判断正确的请打"√"，错误的打"×"）

1. 色彩的三要素是指色彩的色相、明度和纯度。（　　）
2. 色彩的三原色是指红、绿、蓝这三种颜色。（　　）
3. 色彩中红、黄、蓝、绿、黑、白是六种标准色。（　　）
4. 色彩能使人产生重量感、冷暖感、空间感和情绪感等复杂的感觉。（　　）
5. 黄色、蓝色和黑色相调配可以产生湖绿色。（　　）

二、单项选择题（下列每题有4个选项，其中只有一个是正确的，请将其代号填在横线空白处）

1. 色彩中的三原色是指_____。
   A. 红黄绿　　B. 红黄蓝　　C. 红蓝绿　　D. 红白黑
2. _____能使人产生冷静、和平、深远和忧郁的感觉。
   A. 黑色　　B. 灰色　　C. 紫色　　D. 蓝色
3. 白色、黄色和蓝色相调配可以产生_____。
   A. 蓝灰色　　B. 墨绿色　　C. 湖绿色　　D. 柠檬色
4. _____是封建皇帝的专用颜色。
   A. 蓝色　　B. 黄色　　C. 红色　　D. 棕色
5. 紫色是由_____相调配而产生的颜色。
   A. 黄色和绿色　　B. 黄色和蓝色
   C. 红色和绿色　　D. 红色和蓝色

三、简答题

1. 什么是色彩的三要素？
2. 请简述色彩会使人产生什么样的感受？

模拟测试题答案

一、判断题

1. √   2. √   3. ×   4. √   5. ×

二、单项选择题

1. B   2. D   3. C   4. B   5. D

三、简答题（略）

第七单元　　酒品服务技术

　　酒品服务具有一定的技术性，尤其是在社会交往活动和规模较大的饮宴活动中，酒品服务的技术性显得十分突出。世界上不少国家有着悠久的饮酒历史。在长时期的实践中逐步形成了一套完整的技术规程，并为当今绝大多数国家所接受，成为不成文的酒品服务规范。我国也是有悠久饮酒历史的国家，在过去，不仅皇亲贵族讲究饮酒服务，而且乡野平民也有一定的考究，史书上不乏记载。可惜的是，这一丰富的文化财富至今尚未被人们所重视，不少富有民族传统和地方色彩的服务技术和饮法相继失传。在面向世界，放眼未来的新时代，我们还应该进一步发掘我国酒品服务技术的历史遗产，来丰富人们的生活。

第一节　酒品的选购与准备

　　不论在家庭中或是在豪华的饭店里，凡欲饮酒者，都需进行酒品的选购、贮存和准备工作。有什么喝什么，现买现用，胡乱应付差使的做法，实属不得要领的表现。酒品服务技术讲究两个方面的备酒工作，一是建立酒窖（库）；二是选择酒品。

一、建立酒窖

　　酒窖是贮存酒品的地方。与大多数食品贮存场地一样，酒窖的设计和安排应讲究科学性，这是由酒品的特殊贮藏性能所决定的，切不可随心所欲，因陋就简地行事。

1. 酒窖的基本要求

理想的酒窖应符合下述基本要求：有足够的贮存空间和活动空间，通气条件好，环境容易保持干燥，隔绝自然光照射，防振动、防巨声干扰，有相对的恒温条件。根据我国目前现有条件，要达到这些要求是较为困难的，但酒品贮存确实需要做这样的处理，应该尽可能地按照这些基本要求去做。

酒窖的贮存空间（即容量）应与企业的规模相称，地方过小，自然会影响到酒品贮存的品种和数量，不少酒品需要长时间贮存，这样就会占据一定的空间。况且长时间贮存酒品和暂时存放的酒品应该分别收藏，贮存空间要与之相适应。活动空间应适当宽敞一些，这样有不少好处，可减轻劳动强度，避免事故发生，有利于通风换气，有利于货物进出和挪动等。

酒窖通风换气的目的在于保持酒窖中较好的空气，有利于工作人员的呼吸，有利于保持酒窖的干燥。否则，酒精挥发过多而空气不流通，会形成易燃气体的聚积，这是比较危险的。

酒窖要求应有相对的干燥环境，可以防止软木塞的霉变和腐烂，防止酒瓶商标的脱落和质变；但是，过于干燥会引起酒塞干裂，从而造成酒液过量挥发损失。保持干燥的方法要在地面铺盖材料上下功夫，一般来说，酒窖地面以易吸水渗水的材料为宜。

自然采光照明对酒品的贮存很不利。自然光线，尤其是直射日照容易引起病酒的发生，自然光线还可能使酒液氧化过程加剧，造成酒味寡淡、浑浊、变色等现象。酒窖中最好采用人工照明，照明强度和方式应受到适当的控制。

振动干扰也容易造成酒品的早熟，比如临近铁道或振源较近的酒窖，酒品质地常常因此而下降变劣。据酒品专家们说，受过振动的酒品会发生很大的变化。有许多"娇贵"的酒品在长期受振后（如运输振动），常常需要"休息"两星期，方才能恢复原来的风格。

酒品对温度的要求是苛刻的。葡萄酒的正常存贮温度在 10～14℃ 之间，最高不超过 24℃，否则，名贵葡萄酒的风格将会遭到破坏。啤酒的最佳贮藏温度在 5～10℃ 之间，温度过低，酒液会发生浑浊现象；温度过高，酒香将会逐渐丧失。利口酒中的修道院酒、茴香酒和草料酒品应低温贮存。除伏特加、金酒和阿夸维特酒需低温贮存，蒸馏酒对温度的要求也相对低一些，但切不可出现由于季节变化的原因造成温度大起大落的情况（春、秋两季最为常见），否则酒品的色、香、味将会受到干扰。贮存过程中的酒，并不是一成不变的，它具有"生命"，并且不断地工作着、运动着。酒窖是酒品生活的场所，这是酒窖区别于一般商品仓库的根本所在。

酒窖并不一定要设在地下，然而地下可以提供酒品贮存的较好条件，地下酒窖在恒温、避光、防振等方面具有得天独厚的条件。设在地面上的酒窖应采取一定的保护措施，以使酒品贮存的安全得到保障。

在没有建酒窖条件的地方，可以建立简易的代用设施，如橱柜箱笼等。名贵的好酒不宜购置过早，应该临近消费时购买。

2. 酒窖的内部设施要求

酒窖内部主要有下列一些用具是必备的：

酒架木质结构或金属结构均可，架子不必做得太深太高，应便于拿取，每层都应有格架，把架子纵向隔成若干小空间，以便按品种堆放酒品。

温度计和湿度计要安装在显眼的地方，以便于观察和记录。

梯子用于取货存货之用。

推车用于搬运货物之用。

3. 酒品的堆放方式

酒品的堆放方式有一定的讲究。

（1）横放。凡软木塞酒品瓶子必须横置。横放的酒瓶，酒液浸润瓶塞，起着隔绝空气的作用。横置是葡萄酒的主要堆放方式。

（2）竖放。凡蒸馏酒品，瓶子大多要竖立，这便于瓶酒中酒液的挥发，达到降低酒精含量，改善酒质风格的目的。

在有条件的情况下，陈放已达25年以上的高级名贵酒品，应及时采取换塞等措施，以免发生意外而前功尽弃。

4. 酒窖贮酒管理

入库的酒品，要进行登记，每一类酒品要设立一卡片，对酒的年龄、产地、标价等实行登记备案。有必要的话，卡片可随酒品放置。酒品一旦放置好后，不要随意挪动，在行的管理人员从来不清扫酒瓶外的尘灰，对高级酒品尤其如此。

酒窖切勿与其他仓库混用，也不可将其他货物存入酒窖中，不少酒品呼吸较强烈，外来异味极易透过瓶塞瓶盖而进入瓶内，以至被酒液吸收。这里尤其要提请注意，杜绝诸如洗涤剂、酱菜、臭豆腐、奶酪等散发强烈气味的物品进入酒窖。

在大型企业中，除了建立酒窖以外，还要在消费场所设立一个酒品贮存处，行业中称为"日用酒窖"。在这种酒窖里人们备用一定数量的酒品，以应付每日的消费。日用酒窖大多采用酒柜的形式，装有制冷设备，直接控制酒品的贮存温度。日用酒窖方便使用和服务工作，减少许多不必要的往返取货的时间，避免了对酒窖重地过多的干扰。

二、酒品选择

世界酒类产品实在太丰富了，一个家庭、一个企业、一个单位没有条件也没有可能将其全部贮存于一库。即便是名酒，收藏和贮存工作也是相当困难的。然而，为了保持正常的饮用消费，为了更好地经营销售，一定要合理地选择好贮存的酒品。选择应该慎重，要进行周密的设计和思考。

1. 酒品选择的指导思想

对个人家庭来说，有人为了消费而选择，有人为了装饰而选择，有人为了收藏而选择，有人为了纪念某一事情而选择等。对企业单位来说，要考虑经营特色，顾客基础，物力、财力、人力，不能贪大求全。否则，会造成积压和浪费。如果因陋就简，必然会影响经济收益。根据专家们的看法，下列几条原则具有一定的实践指导意义。

（1）酒品的选择以常用酒品种为主。

（2）常用品种以当地产品为主。

（3）保持一定的花色品种，选择一定数量的世界著名酒品。

（4）名酒，尤其是需要长久贮存的名酒，购入宜早不宜迟；不利于久贮的酒品，购入宜迟不宜早。

（5）具体的选择数量，视具体情况具体处理。

2. 酒品选择的范围

在我国境内拥有一定财力的企业或家庭，不妨这样来确定选择世界名酒的品种范围：

（1）中国名酒

1）中国白酒。茅台酒、酒鬼酒、水井坊、汾酒、五粮液、剑南春、古井贡酒、洋河大曲、董酒、泸州老窖特曲酒、西凤酒、郎酒等。

2）中国黄酒。绍兴加饭酒、沉缸酒、即墨老酒、绍兴善酿、惠泉酒、福建老酒、丹阳封缸酒、兴宁珍珠酒（又名珍珠红）、连江元红、大连黄酒、绍兴元红、茉莉青（又名苜莉青）、九江封缸酒等。

3）中国葡萄酒。长城红白葡萄酒、王朝红白葡萄酒、皇轩红葡萄酒、烟台红葡萄酒、华东意斯林干白葡萄酒、沙城白葡萄酒等。

4) 中国果酒。沈阳山楂酒、熊岳苹果酒、渠县红橘酒、紫梅酒、五味子酒等。

5) 中国配制酒。竹叶青、通化人参葡萄酒、五味子酒、广州五加皮酒、北京莲花白酒等。

6) 中国啤酒。青岛啤酒、燕京啤酒、哈尔滨啤酒、北京啤酒、力波啤酒等。

(2) 世界名酒

1) 高级名贵葡萄酒。最好选用法国勃艮第、波尔多两大酒系的红、白玫瑰葡萄酒品种。选择时如果商标上注有 Appellation d'origine Controlec 的字样，为法国全国级名酒，价格较贵。

2) 普通葡萄酒。可选用法国其他酒系的产品。另外，德国莱茵河和摩泽尔河地区的白葡萄酒、葡萄汽酒，意大利伦巴底一带的红葡萄酒和美国加利福尼亚产的红葡萄酒，也都是比较适用的酒选。这些品种售价相对便宜。

3) 香槟酒。真正的香槟酒只有法国香槟省一带出产，其他国家的香槟酒只是仿香槟酒。凡自然生气的香槟酒，售价大多较高；而人工充气的仿香槟酒，售价明显低廉。

4) 威士忌。可选用苏格兰、爱尔兰、美国、加拿大和日本的品种，其中苏格兰威士忌声誉最高，价格也算公道。

5) 金酒。干金酒以英国伦敦所产为佳，用途也较广。除欧洲某些国家以外，荷兰金酒爱好者并不太多，选用时要注意到这一点。

6) 朗姆酒。以加勒比海诸群岛生产品种为佳。这些产品大多在欧洲加工成型，如牙买加产品在英国加工，马提尼克产品在法国加工，选择时要酌情处理，不要与其他产品相混淆。

7) 白兰地。法国干邑为世界白兰地酒之王，用途也较大，但价格不便宜。德国、意大利、西班牙、希腊等国的产品质地良好，售价较低。

8) 味美思酒。可选用意大利和法国的产品，其中意大利味美思用途较大，价格也较低廉，但意大利产品假冒货甚多，要谨慎行事。

9) 比特酒。情况基本同味美思酒。

10) 波特酒。只有葡萄牙所产为真品，售价一般低于威士忌酒，远年陈酿波特酒例外。

11) 雪利酒。以西班牙所产为佳。注意雪利酒的字样写法，西班牙本土用"Jerez"，英国人用"Sherry"，法国人用"X'eres"，指的是西班牙雪利酒。而其他"仿雪利酒"则另写,比如法国雪利酒大多写作"Cherry"。

12) 啤酒。德国、英国、捷克、丹麦的品种最为有名。请选用高温灭菌的产品,以瓶装和罐装的啤酒为宜。啤酒不宜久藏,购买时尤其要注意。

13) 利口酒。可以选用法国、荷兰等国的产品,许多利口酒为跨国公司所生产,同一产品可能有几个不同的产地。利口酒价格大多低于其他蒸馏酒类。

14) 伏特加酒。选用俄罗斯、瑞典、美国和波兰的产品,俄罗斯伏特加固然名扬四海,可其他国家的伏特加丝毫不亚于俄罗斯伏特加。俄伏特加在国际上的销售价格一般普遍低于其他蒸馏酒品种。

15) 鸡尾酒。鸡尾酒需用品种较多,如果备不齐全,可选用下列最常用的品种。同时,用这些品种的酒还可以调制出最常用的下列各色鸡尾酒:

樱桃白兰地(Cherry brandy)

橙皮利口酒(Gointreau)和(Curacao)

伦敦干金酒(London dry Gin)

干邑(Cognac)(随便什么品种均可)

朗姆酒(Rum)(以白朗姆酒为宜)

味美思酒(Vermouth)(红、白、干三种类型)

薄荷酒(Menthe Cream)和(Peppermint Pernod 等)

威士忌(Whisky)或(Whiskey)

伏特加(Vodka)(任意一个品种)

红石榴汁(Grenadine)

除此之外,还需备有一定数量的其他配料做配兑用品。

在选酒的过程中,酒品知识、市场知识、贮存知识是很有用的。酒品知识中,产地与质量和风格的关系,商标牌号与酒质的关系,一些说明注脚或符号的含义,比如干邑酒的缩写字母的含义,香槟酒"Dry"与"Brut"的区别,其他酒品中的星(★★★)象征什么,都应该基本了解,并掌握第一手资料。市场知识涉及到一系列的卖主情况、价格情况、国家税收情况等。对我国境内的企业来说,遵守国家市场管理条例和外汇使用条例等制度,是十分重要的,国家绝不允许破坏外汇市场的做法得逞。贮存知识除上文所述之外,还涉及到酒龄的问题,比如:普通葡萄酒的酒龄一般不超过 5 年,许多白葡萄酒宜在 2 年内饮用。否则，酒质会大大下降。

名贵葡萄酒的酒龄一般较长，但如同其他原汁酒一样，可贮存 25 年以上的酒种却很少见，绝大多数宜在 10～20 年之间饮用。

威士忌酒的酒龄大多在 5～12 年之间，存放过久，威士忌酒的质量会走下坡路。

果料利口酒几乎不能久藏，一般饮用新鲜酒，可以说，果料利口酒的寿命是很短的。

啤酒也是"短命"酒品，酒龄大多不超过 1 年。陈年啤酒也可以饮用，可是风味劣变，不大受饮者欢迎。

白兰地酒、波尔图酒等品种的酒龄较长，生产者常冠以"拿破仑"之名，号称始酿于拿破仑时代（至今已有 160 余年），但这只不过是买卖人的一种宣传而已，没有一种白兰地酒可以存放 160 年之久的，即便酒品不变质，酒液也挥发殆尽了。

诸如此类的问题，在酒品选择时都应一一考虑进去。酒品服务的确是一个技术性颇强的工作，培养出一名合格的专业调酒师绝非是一朝一夕的事，需要努力学习和实践才行。

第二节　酒具的准备和使用

酒具是酒品服务的工具，它包括各种杯具、盛酒器、制酒器和辅助工具，工具的正确准备和使用对提高酒品服务质量有极其密切的关系。

一、酒具的种类

1. 柯林杯（Collins Glass）

容量一般为 280 毫升，主要用于鸡尾酒中长饮（Long Drink）或各类汽水、矿泉水。

2. 烈酒杯（Shot Glass）

容量一般为 56 毫升，主要用于饮用不加冰的烈酒（白兰地除外）。

3. 古典杯（Old Fashioned）

容量一般为 224～280 毫升，主要用于饮用加冰的烈酒和制作鸡尾酒。

4. 啤酒杯（Beer Mug）

容量一般为 336～504 毫升，主要用于生啤酒。

5. 高脚啤酒杯（Beer Pilsner）

容量一般为 280 毫升，主要用于饮用一般的啤酒。

6. 红葡萄酒杯（Red Wine Glass）

容量一般为 224 毫升，主要用于饮用红葡萄酒。

7. 白葡萄酒杯（White Wine Glass）

容量一般为 168 毫升，主要用于饮用白葡萄酒。

8. 雪利杯（Sherry Glass）

容量一般为 56 毫升或 112 毫升，专门用于饮用雪利酒。

9. 波特酒杯（Port Wine Glass）

容量一般为 256 毫升，专门用于饮用波特酒。

10. 阔口香槟杯（Champagne Saucer）

容量一般为 126 毫升，主要用于饮用香槟酒或制作鸡尾酒。

11. 郁金香型香槟杯（Champagne Tulip）

容量一般为 126 毫升，主要用于饮用香槟酒。

12. 白兰地杯（Brandy Snifter）

容量一般为 224～336 毫升，主要用于饮用白兰地。

13. 酸酒杯（Sour Glass）

容量一般为 112 毫升，主要用于制作酸型鸡尾酒，例如：酸威士忌等。

14. 鸡尾酒杯（Cocktail Glass）

容量一般为 98 毫升，主要用于制作鸡尾酒。

15. 爱尔兰咖啡杯（Irish Coffee）

容量一般为 210 毫升，主要用于饮用爱尔兰咖啡。

16. 特饮杯（Hurricane）

容量一般为 336 毫升，主要用于制作特色鸡尾酒。

二、酒具使用规则

使用酒具有一定的规则，尤其是杯具的使用，很有讲究，只有遵守这些规则，才可能使酒具物尽其用，减少不必要的损耗，增加服务的美感，提高服务的质量。

1. 酒具专用

尽可能地选用各种酒品所需的专用酒具。不少酒品都有自己专用的酒具，比如饮用中国绍兴黄酒，应该使用专门温酒器皿和瓷质酒壶和杯盏。专门酒具的设计是人们在长期实践中逐步摸索出来的，它们与酒品风格有一定的相互适应性，可以在饮用过程中比较好地表现，保护乃至发扬原有的酒品风格。因此，选用合适的酒具就具有一定的科学意义。为了进一步说明问题，下面列举若干有关杯具和酒品风格相互影响的例子：

（1）高脚杯。高脚杯之所以能够成为当今饮酒的主要杯具之一，是因为它有不少优点：

1）高脚杯便于拿用并避免手指被酒液玷污。

2）高脚杯可以减少外来温度（手温）对酒液风格的影响。

3）高脚杯便于品评酒的风格。

4）高脚杯给人以典雅优美的外观美感。

（2）香槟杯。长形深肚小口香槟杯具有以下功能：

1）保持酒香，使之不易散发。

2）保持酒中气体含量，使之汽化速度减慢。

3）防止酒中气体挥发时溅出。

4）具有一定的容量（香槟酒精含量较低，适于豪饮）。

5）外形给人以新奇的印象。

（3）白兰地杯。肚大而口小，有以下功能：

1）保持酒香，尤其适宜嗅别和长时间品饮。

2）便于使酒液的温度与室温保持一致。

3）造型优美。

（4）啤酒杯。壁厚杯深而口窄，有以下功能：

1）可以保持酒沫长期浮面而不易散发。

2）具有相当的容量。

3）可以保持一定的温度。

4）造型优美。

此外，鸡尾酒杯的形状具有方便调制和点饰等功用，陶瓷酒杯具有耐温等功用，利口酒杯对容量做了一定的限制，宾治酒盏（punch bowl）容量大，耳杯可以方便使用，平底杯便于清洗和兑制酒品等。

以上这些都告诉我们，酒具的使用要讲究一定的科学性，乱来是不行的。再者，不少酒具长期使用，在人们的头脑中已成定式用杯，并形成一种风俗，若任意的改变，对企业争取顾客的工作显然不利。

在物质条件受到一定限制时，代用是允许的。代用应该有一定的标准和原则，凡与酒品风格有明显抵触的酒具，不可代用；凡可能造成饮用事故的酒具，不可代用；凡客人反对的酒具，不可代用。

2. 保持酒具的完美性

许多酒具是由较脆弱的材料制成的，常常会发生一些意外的事故，造成破损。比如玻璃制品常容易磕破杯沿，铜银制品常容易锈污，铝锡制品会留下瘪痕等。在使用酒具时候，要进行选择处理，损坏的尽量不要使用，需要维修的维修好再用。经常进行清点剔除破损酒具是一项必做的工作。在严肃高雅的场合，粗劣破旧的酒具会破坏现场的气氛，使人不快。

3. 保持酒具的卫生

酒具的清洁卫生是餐饮工作的头等大事。且不谈对饮者身体健康有义不容辞的责任，就是从表现酒品风格的角度来看，酒具卫生也是十分重要的。比如，不经清洗或清洗不洁的酒具，会使连续使用的酒品发生浑浊、变色、串味等现象；啤酒杯上沾有油渍，会大大减弱啤酒的生泡作用；使用清洗剂而没有漂洗干净的杯子，往往带有化学药剂的味道，使饮者感到不快。

凡有条件的地方，应该将酒具与其他用具分开清洗，专门消毒，尤其应与食具分开。清洗后，应该进一步做干燥处理和灭菌处理（请注意，不少酒具，如一部分玻璃制品、银器等，不宜作高温消毒处理）。

4. 讲究酒具摆设的合理性和艺术性

酒具摆设可分为两种主要方式：服务准备和台面准备。

（1）服务准备。主要采用集中方法，集中起来的酒具应符合下列几条基本原则：

1）便于服务。地点位置、摆放高度和深度都需经过一定的研究。

2）保持清洁。摆放方向、姿势、遮盖物、衬垫物都要经过专门的设计。

3）按类分档。

4）常用酒具与备用酒具的件数比例要恰当。

5）酒具的安全性能要有保证。

（2）台面准备。台面酒具的准备以方便饮用和服务为根本目的。基本原则如下：

1）在餐桌上，杯具放在客人的右手一边，大小依次排列。

2）在酒具台面上，将各种杯具按类别排放在服务人员前面，酒品置于较远的位置，其他工具放在服务人员就近处。

3）离使用时间较长时，杯具以倒置为宜，使用前（客人到达之前），杯具还原，杯口向上放置。

4）在挪动的情况下，以横置为宜。

5）在使用过程中，尽量不碰触杯具的入口部位，最好用托盘或杯托。

6）切勿叠放和堆放。

7）讲究台面的造型美观。

第三节　服务操作技术

服务操作是酒品服务整个技术中最引人注意的工作，不少操作工作需要即席进行，当着顾客或朋友们的面表演。因此，凡是从事酒品服务的工作人员，都应十分注重操作技术，以求动作准确、迅速、简便和优美。服务操作的好坏，常常给人留下深刻的印象。高超而又体察入微的服务者，常常运用娴熟的操作技术来营造热烈的饮宴气氛，以求饮者精神上的满足。服务操作当中，不仅需要一定的技术功底，而且需要相当的表演天赋。在许多国家，酒品服务是由专人来掌管的，人们出于尊重和敬佩，将有一定水平的酒品服务者称为"酒师"，在广大饮者的眼里，酒师们的魅力并不亚于文艺界中的"明星"，酒品的服务操作是一项具有浓厚艺术色彩的专门技术。

一、服务操作基本技术

1. 示瓶

在点菜餐厅和酒吧中，顾客常点用整瓶酒。凡顾客点用的酒品，在开启之前都应让顾客首先过目一下，一则表示对客人的尊重，二则核实一下有无误差，三则证明商品的可靠。按基本操作方法，服务者站立于主要饮者（大多数为点酒人，或者是男宾客）的右侧，左手托瓶底，右手扶瓶颈，酒标面向客人，让其辨认。当客人认可时，方能进行下一步的工作，示瓶往往标志了服务操作的开始，具有一定的重要性。

2. 冰镇

许多酒品的饮用温度大大低于室温，这就要求对酒液进行降温处理，比较名贵的瓶装酒大多采用冰镇的方法进行处理，冰镇酒需用冰桶，将一盘子托住桶底，以防凝结水滴玷污台布。桶中放入冰块（不宜过大或过碎），酒瓶插入冰块，酒标向上，之后，再用一块巾布搭在瓶身上，连桶送至客人的餐桌上，一般来说，冰镇10多分钟即可，有些饮用温度较低的酒品，还需作擦瓶处理。

3. 溜杯

溜杯是另一种降温的方法，溜杯处理的对象是酒杯。服务者手持杯脚，杯中放入一块冰块，然后摇转杯子，使冰块产生离心力在杯壁上溜滑，以降低杯子的温度。有些酒品的溜杯要求甚是严格，直至杯壁溜滑凝附一层薄霜为止。也有用冰箱冷藏杯具的处理方法，但不适用于高雅豪华的场合。

4. 温烫

温烫饮酒不仅仅用于中国某些酒品，而且有些洋酒也需温烫后才饮用。温烫有四种常见的方法，即水烫、火烤、燃烧和冲泡。水烫，即将饮用酒事先倒入烫酒器，然后置入热水中升温。火烤，即将酒装入耐热器皿，置于火上升温。燃烧，即将酒盛入杯盏内，点燃酒液以升温。冲泡，即将沸滚饮料（水、茶、咖啡等）冲入酒液，或将酒液注入热饮料中去。水烫和燃烧常常需要即席操作。

5. 开瓶（开罐）

世界各类酒品的包装方式多种多样，以瓶装酒和罐装酒最为常见。开启瓶塞瓶盖、打开罐口时应该注意动作的正确和优美。

（1）使用正确的开瓶器。开瓶器又名开瓶刀，有两大类型：一类是专开瓶塞的螺丝拔，一类是专开瓶盖的开瓶器。螺丝拔的螺旋部分要长（有的软木塞长达八九厘米）；头部要尖，切不可带刃，以免割破塞木；螺丝拔上最好装有一个起拔杠杆，以利于拔起操作。

（2）开瓶时尽量减少瓶体的晃动。瓶体晃动会造成汽酒冲冒现象及陈酒的沉淀物窜腾现象。一般将瓶放在桌上开启，动作要准确、敏捷、果断。万一软木有断裂危险，可将酒瓶倒置，用内部酒液的压力顶住断塞，然后再旋进螺丝拔。用双腿夹住酒瓶来拔塞是很不雅观的动作。

（3）开拔声音越轻越好。开任何瓶罐都应注意动作越轻越好，那种以放炮式开瓶拔塞的方法在国际上已少见，在高雅严肃的场合，呼呼作响的嘈杂声与环境显然是不协调的。

（4）拔出来的瓶塞需进行检查。开瓶后检查主要是看瓶中酒是否是病酒或坏酒，原汁酒的开瓶检查尤为重要。检查的方法主要是嗅辨，以嗅瓶塞插入瓶内的那一部分为主。

（5）开启瓶塞（盖）以后，要仔细擦拭瓶口，将积垢等脏物擦去。擦拭时，当心污垢落入瓶内。

（6）开启的酒瓶酒罐原则上应留在客人的餐桌上，一般放在主要客人的左手一侧。瓶子下面需用衬垫，以防弄脏台布。使用冰桶的冰镇酒品连同冰桶一起放在餐桌上，使用酒篮的陈酒连同篮子一起放在餐桌上。空瓶空罐一律撤离餐桌。

（7）开启后的封皮、木塞、盖子等物不要直接放在桌子上，一般以小盆盛之，在离开餐桌时一并带走，切不可留在客人面前。

（8）开启带汽或者冷藏过的酒罐要注意避免水汽喷射到客人身上。因此，在当客人或朋友面开启酒瓶时，应将开口一方对着自己，并用手握遮，以示礼貌。

6. 滗酒

不少远年陈酒有一定沉淀物积于瓶底内，为了避免斟酒时产生浑浊现象，需事先剔除沉渣以确保酒液的纯净。专门人员使用滗酒器滗酒去渣，在没有滗酒器时，可以用大水杯代替，方法如下：

（1）事先将瓶酒竖立若干小时，使沉渣积于瓶底，再横置瓶酒，动作要轻。

（2）操作者位于瓶子和水杯的这一端，慢慢将酒液滗入水杯。当接近含有沉渣的渣液时，需要沉着果断，争取滗出尽可能多的酒液，剔除浑浊物质。

（3）滗好的酒可直接用于服务。

7. 斟酒

在非正式场合中，斟酒可由客人或朋友自己去做。在正式场合中，斟酒是服务人员必须进行的服务工作。斟酒的基本方式有两种：一种叫桌斟，一种叫捧斟。

桌斟时，杯具留在桌上，斟酒者立于饮者的右边，侧身用右手把握酒瓶向杯中倾酒液。瓶口与杯沿保持一定的距离，汽酒或冰镇酒大约在 9～10 cm 为宜，其他酒在 2～4 cm 为宜，切不可将瓶口搁在杯沿上或采取高溅注酒的方法。斟酒者每斟一次，都需更换一下位置，站到下一位客人右侧。切忌左右开弓，探身对面，手臂横越客人的视线等动作和不礼貌的做法。

桌上斟酒时，还要掌握好杯量，有些酒需要少斟，有些酒需要多斟，过多过少都是不好的。斟毕，持瓶手势应向内旋转一个角度，同时离开杯具上方，使酒滴挂在瓶上面不落在桌上和客人身上。然后，左手用巾布拭一下瓶颈和瓶口，再给下一位客人斟酒。

捧斟时，服务者一手握瓶，一手则将酒杯捧在手中，站立于饮者的右方，然后再向杯内斟酒、斟酒动作应在台面以外的空间进行。然后将斟毕的酒杯放在客人的右手处。捧斟主要适用于非冰镇处理的酒品，动作需优雅大方。

不论用什么斟法，都要掌握分寸，动作切不可粗鲁，斟酒时不要说话，以免口水飞溅。也不得将腿踩在椅架上，或将手搭在椅首或客人身上，绝对不可出现有损于礼貌、雅观、卫生等做法。

至于手握酒瓶的姿势，各国之间不尽相同。有的主张手掌握在酒标上（以西欧诸国为多见），有的则主张手掌握于酒标的另一方（以我国为多见），各有解释和理由，服务者可根据当地习惯或企业规定去做，不必过于吹毛求疵。

凡使用酒篮的酒品，酒瓶颈背下应衬垫一块巾布或巾纸，可以防止斟倒时酒液滴出。凡使用冰桶的酒品，从冰桶取出时，应以一块折叠的巾布护住瓶身，可以防止冰水滴洒弄脏台布和客人衣服。

8. 礼仪

我国饮宴席间的礼仪与其他国家有所不同，与通用的国际礼仪也有所区别。在我国，人们通常认为，席间最受尊重的上级、客人、长者，尤其是正式场合中，上级和客人处于绝对的领先地位，服务顺序一般先为首席主宾、首席主人、主宾、重要陪客斟酒，再为其他人员斟酒；在家庭或私宴中，则先为长辈，后为小辈斟酒；先为客人，后为主人斟酒，客人围坐时，采用顺时针方向依次服务。国际比较流行的服务顺序是：先为女宾斟酒，后为女主人斟酒；先为女士，后为先生斟酒；先为长者后为幼者，妇女处于绝对的领先地位。但是，重要外交场合中的礼仪有所例外，斟酒过程采用顺时针方向依次渐进。

9. 添酒

正式饮宴中，服务人员要不断向客人杯内添加酒液，直至客人示意不要为止。如果出现客人喝空杯，服务人员袖手旁观，则是严重的失职。

凡需要增添新的饮品，服务人员应主动更换用过的杯具，继续使用同一杯具显然是不合适的。散卖酒，每当客人添加时，一定要换用另一杯具，切不可斟入原杯具中。国际上普遍认为这样做体现了职业道德。

在任何情况下，各种杯具应留在客人餐桌上，直至饮宴结束为止，当着客人的面撤收空杯是不礼貌的行为（会被误认为下"逐客令"）。如果客人示意收掉一部分空杯，则另当别论。

每当祝酒的时候，服务人员都应该回避。祝酒饮毕，方可重新回到服务场所，添加酒液。在客人（主人）走动祝酒时，服务人员可持瓶尾随主要祝酒人，注意随时添加酒液。持瓶时以持一瓶为宜，在手指缝夹持数瓶酒的做法，不适于高雅和严肃的场合。

我国有劝酒的习惯，人们常以此表示主人的热情和好客。世界上不少国家的风俗习惯忌祝酒，我国有关人员对此应谨慎处理。在斟酒时，有些人以手掩杯，有些人倒扣酒杯或横置酒杯，这都是谢绝斟酒的表示。主人或服务操作者切莫强行劝酒，以使对方难以下台。

二、酒品分类服务操作

1. 葡萄酒类

葡萄酒恐怕是诸酒品中最讲究服务的酒种，具体的操作如下：

（1）无论什么葡萄酒都应当着客人面开启瓶塞。

（2）示瓶之后再开瓶；然后再在主要饮者的杯中倒入少许酒，让他先行品尝。在客人认可后，方行斟酒。顺序先女后男，最后是品酒者。

（3）葡萄酒饮用适宜温度

1）白葡萄酒饮用温度 8~12℃。

2）香槟酒、汽酒和甜型白葡萄酒饮用温度为 6~8℃。

3）玫瑰葡萄酒饮用温度为 8~12℃。

4）新鲜红葡萄酒饮用温度为 12~14℃。

5）陈年红葡萄酒饮用温度为 15~18℃。

（4）白葡萄酒、香槟酒、玫瑰葡萄酒一般使用冰桶进行冰镇；红葡萄酒可利用室温升温，比如在饮用前 30 分钟可将瓶开启，敞口竖立，这样还可以增加酒香和醇味。切不可将酒放在火上烘烤和用烫水来升温。

（5）白玫瑰葡萄酒斟满 2/3 杯；红葡萄酒斟满 1/2 杯。

（6）陈年红葡萄酒使用酒篮进行斟倒服务。

（7）不要在葡萄酒液中加入冰块、冰水、苏打水之类的东西来稀释酒液。

（8）香槟酒可使用散气棒，但不可以用吸管。

（9）滗酒时，容器温度应与酒液温度保持一致。

（10）开启香槟酒瓶有一定的操作规程，国际上流行的做法是：酒瓶斜倾，用手把握，并用拇指压在瓶塞上面，以防开启时爆塞伤人；然后用另一手拧开铁丝，瓶口向内（对准自己），慢慢旋拧瓶塞，在离瓶时的一刹那，就势轻轻一拉，以减小爆裂声，声音越轻越好。开瓶后马上斟用，不要久等。斟酒时，宜采用捧斟法进行。

2. 啤酒类

啤酒的服务操作比人们想像的要复杂得多，主要注意事项如下：

(1) 啤酒的最佳饮用温度在 8~11℃为宜，高级啤酒的饮用温度在 12℃左右。季节和室温的变化对饮用温度有一定影响。

(2) 如果客人要求喝温啤酒，可先将酒杯在热水中浸泡一会儿，再注入啤酒；也可直接对啤酒加温，将注满酒的杯子浸入 40℃热水中。

(3) 啤酒杯一定要事先清洗干净，热洗冷刷，不必拭干。油迹是啤酒泡沫的大敌，切勿用手指触及啤酒杯内壁，切勿将啤酒杯与其他餐具同洗。

(4) 瓶装啤酒斟注时，先将酒杯微倾，顺杯壁注入 2/3 的无沫酒液，再将酒杯放正，采用倾注法，使泡沫产生。酒液与泡沫的比例分别为酒杯容量的 3/4 和 1/4。

(5) 压力啤酒斟注时，先将开关旋开（不要摇晃酒杯），酒杯斜放接着开关龙头，注入 3/4 之后，将酒杯放于一边使泡沫沉淀，然后再注满酒杯。酒液与泡沫比例同上。

(6) 桶装啤酒的开启比较麻烦，需要使用专门工具。首先冷却酒桶，再将其置于台子上，出酒孔向前，在下方；稍停 15 分钟之后（汽化的二氧化碳重新溶解于酒液），再用龙头插进出酒孔，拧紧龙头，以防渗酒漏气。前 10 杯啤酒泡沫较厚，这是正常的现象。有的酒桶已装有龙头开关，这时只要开启栓口就可使用了。

(7) 衡量啤酒服务操作的标准是：注入杯中的酒液清澈，二氧化碳含量适当，温度适中，泡沫洁白而厚实。

(8) 服务人员一般不再继续向同一杯中添加生啤酒。

3. 开胃酒类

开胃酒的服务操作应该注意下列事项：

(1) 开胃酒具有清凉功能，应低温保存，开胃酒中含有金鸡纳霜成分，低温保存会产生一定的浑浊和沉淀，这是正常的现象。

(2) 开胃酒有几种饮法，或者单饮，或者掺兑饮用，或者加水饮用。凡掺兑加水时，先后顺序为：蒸馏酒先于原汁酒，酒先于香料和水。

(3) 开胃酒的服务操作应该当着客人的面进行。

(4) 可以佐用小点心。

(5) 味美思单饮的标准用量为 50 毫升/客。一般冰镇饮用，可用冰块或用冰箱降温。

(6) 茴香酒一般以清水冲兑饮用，加冰块（后加）。标准用量为 30 毫升/客，每客兑水量为所用酒量的 5~10 倍。

（7）开胃酒在餐前饮用，使用开胃酒专用杯具。

4. 甜食酒类

甜食酒的服务操作应注意下列事项：

（1）英语国家常将波尔图酒作餐后酒饮用，法、葡、德及其他国家常用波尔图作餐前酒饮用。

（2）白波尔图酒饮用温度在 10~20℃ 为宜，主要作为餐前开胃酒。红波尔图酒中的"tinto""darkfuil""fuil"和"ruby"等品种的饮用温度在 10~14℃ 为宜，常可作为餐前开胃酒；而"rawny"和"L. B. V."的饮用温度与室温相同，餐前餐后均可用。

（3）红波特酒大多需要进行滗酒处理。

（4）开瓶后的波特酒应马上饮毕，否则，所剩的波特酒会迅速氧化而风味骤变。

（5）波特酒也可作为佐食酒。

（6）对雪利酒的饮用温度存在一些不同的意见。各种讲法都有一定的根据。在雪利酒消费量最大的国家——英国则是这样处理的："fino"冰镇；"amontillado"冷饮；其他各类雪利酒则采用室温。

（7）雪利酒和波特酒都有专用杯具。雪利酒还可以采用郁金香形杯子作为杯具。

（8）玛德拉酒可以作为餐前酒，也可以作为餐后酒。干型玛德拉酒冰镇饮用，甜型玛德拉酒采用常温饮用。

（9）玛萨拉酒只用于餐前酒，可冰镇饮用，也可常温饮用。

（10）马拉加酒可以用于餐前酒，也可用于餐后酒。

（11）所有甜食酒的标准用量均为 50 毫升/客。

5. 白兰地类

（1）干邑酒主要作为餐后酒饮用，也可作为餐前酒。餐后酒干邑采用常温，主要单饮；餐前酒干邑可以冰镇，也可以用常温，还可以冲兑清水或苏打水后饮用。

（2）干邑酒可用专用杯具，也可用郁金香形杯子。

（3）陈年干邑一般用于餐后酒，采用常温，并可用手温捧热杯具，以增加酒香。斟酒时要慢，斟到杯子的 1/3 左右。

（4）其他白兰地酒可参照干邑的服务规程。所有白兰地标准用量均为 25 毫升/客。

6. 威士忌类

（1）威士忌标准用量为 40 毫升/客。

（2）威士忌一般不单饮，主要采用兑水饮用。所兑的水可以是清水、汽水或苏打水，但需加冰块。

（3）威士忌主要用平底杯具，也有专用的某种威士忌杯具。如苏格兰威士忌常用老式平底杯，据说这种比较宽大而不太深的平底杯更有利于苏格兰威士忌酒风格的表现。

（4）威士忌也可单饮，作为餐后酒。

（5）威士忌开瓶后，需马上封闭，采用竖立方式置瓶，用室温保管。

（6）喝威士忌酒时，可不断轻轻摇动杯子，以使酒香充分外溢。

7. 金酒类

（1）金酒的标准用量为25毫升/客。

（2）荷兰金酒主要用于单饮，可用于餐前或餐后酒。饮用时，需稍微冰镇一下。方法可以是：置于冰箱内，使用冰桶，放冰块等；兑水饮用时，以加进奎宁水、冰块和柠檬片为常见。

（3）伦敦干金酒很少专门单饮，大多用于混合酒的制作。凡用干金酒的混合酒，都需冰镇后饮用。

8. 其他蒸馏酒

（1）绝大部分蒸馏酒的国际标准用量为25毫升/客。伏特加和中国白酒例外。

（2）伏特加和中国白酒可选用利口酒杯，其他蒸馏酒（除上文提及的以外）可选用合适的高脚杯或平底杯。

（3）果品蒸馏酒可进行溜杯处理，较低的温度能使酒品增加醇厚绵柔感觉。饮用温度由饮者自己决定。

（4）朗姆酒可作为餐后酒单饮，饮用时要慢尝细品。可采用冰块降温。

（5）伏特加酒可作佐食酒和餐后酒。单饮时，备一杯凉水，采用常温，主要饮用方式为"干杯"。

（6）阿夸维特之类的烧酒主要采用低温饮用，兑水饮用时，可冲兑清水或苏打水。

（7）诺曼底苹果酒饮用可用白兰地杯盛装，采用常温，一般作为餐后酒。该酒还可以用做主副菜之间的"醒胃酒"，往往在西餐冷盘之后使用。

（8）龙胆酒主要用于配制酒，凡含有龙胆酒的配制酒品，既可作为开胃酒，又可作为消食酒。

(9) 德国施泰因哈根酒和施那普（Snap）酒可用做餐前酒，也可以作为餐后酒，主要与啤酒兑酒。饮用温度较低，需作冰镇处理，或直接兑入啤酒饮用。

(10) 墨西哥特基拉酒用细盐或者与柠檬、辣椒伴饮，采用常温处理。

(11) 日本清酒常作佐食酒或餐后酒，需温烫饮用，或采用常温饮用；清酒采用浅平碗或小陶瓷杯作为杯具。

(12) 中国白酒一般采用常温饮用，也有烫酒习惯（在北方冷天为常见）。南洋一带饮用白酒，常用冰镇方法降温，据说经冰镇的中国白酒，其美味妙不可言。

9. 利口酒类

(1) 利口酒标准用量为25毫升/客。

(2) 利口酒主要作餐后酒饮用，以助消化，少数利口酒也可作为开胃酒饮用。

(3) 利口酒瓶以立放为宜，否则会染上瓶塞子的味道。

(4) 果料利口酒饮用温度由饮者自己决定。可循的基本原则是：果味越浓，甜度越大；香气越烈的酒品，饮用温度越低越好。低温处理时，可采用溜杯、冰块、冰镇等方法。

(5) 果料利口酒可选用利口酒杯或甜食酒杯。

(6) 草料利口酒宜冰镇饮用。"Benedictine"和"B and B"作溜杯处理，酒瓶留在室内；"Chaheuse"采用冰块降温，酒瓶置于冰箱中；"Izarra"和"Verveinedu, Velay"作溜杯处理，并加冰块，酒瓶留在室内；"Pippermint"加用冰霜效果最佳（所有"乳酒"宜采用此法）。

(7) 草料利口酒可选用利口酒杯、甜食酒杯和郁金香形杯等杯具。

(8) 种料利口酒一般采用常温饮用；茴香利口酒需做冰镇处理，用冷藏或冰霜；咖啡乳酒、可可乳酒、苦茗酒采用冰霜降温后饮用；"Drambuie"瓶酒留室，但采用冰块冲饮，就像饮用威士忌原酒一样。

10. 中国黄酒

(1) 采用陶瓷器皿作为酒具。

(2) 主要作为佐食酒。

(3) 绍兴酒中，元红酒饮时微加温，最宜佐鸡鸭菜肴；加饭酒饮时微加温，宜佐冷菜；陈加饭酒与元红酒或新鲜加饭酒兑饮，另有一番风味；善酿酒饮时微加温，宜佐甜味菜肴；香雪酒室温处理，餐前餐后都适饮，可兑汽水或白酒等饮料；竹叶青酒饮时需做冰镇处理，最宜佐鱼菜肴。

（4）可将酒杯注入温水中，使酒杯中的酒液保温。

（5）温烫时宜采用水烫，不要烘烤和燃烧，以免酒香挥散。

11. 鸡尾酒类

有关鸡尾酒的操作，上面已提及，下面以一位国际著名专家的"八项训诫"作为鸡尾酒服务的规则：

（1）使用正确的混酒工具。摇酒器、量酒杯、酒杯不可混用代用。

（2）在斟酒时，先注入基酒，再注入辅料酒品。

（3）尽量采用糖饴、糖浆，尽量少采用糖块、砂糖。因为糖块和砂糖不溶于酒精或很难溶于某些果汁中。

（4）避免重复使用已用过的冰块，凡浸用过的冰块一律不许再度使用。

（5）调酒用量应该准确，流行的著名配方大都是经过长期实践才制定的。用量不准确会改变混合后酒品应有的风格。每次调制鸡尾酒以一份用量为宜，有意加大用量，以期节省人工操作次数，是不适宜的。

（6）用冰时要遵照配方。冰块、碎冰、冰霜等不可混淆，摇酒器中装冰时不宜装得过多过满。

（7）要使用杯垫、杯衬等酒具，以防弄脏家具。

（8）要使用新鲜而质地良好的原料和产品。

三、酒品服务换算常识

1. 各国酒精度数换算

在没有揭示酒精含量的最高极限（100%）以前，英国人和美国人先后实行过名叫普鲁夫（Proof）的衡量制，至今这两种衡量制仍在广泛使用。下面将标准酒度和英、美酒度的换算情况用表排列如下（见表7—1）。

2. 摄氏华氏温度换算表

在不少英语国家中，人们以华氏来计算温度，有些酒方是用华氏来表示的。下面是摄氏与华氏换算情况（见表7—2）。

3. 标准容量与英、美容量换算（见表7—3）

4. 标准升与英品脱、美品脱换算（见表7—4）

5. 英液量与标准液量、美液量换算（见表7—5）

6. 美液量与标准液量、英液量换算（见表7—6）

表 7—1　　　　　标准酒度和英、美酒度换算表

标准酒度（°）	英制酒度（°）	美制酒度（°）	标准酒度（°）	英制酒度（°）	美制酒度（°）
10	17.5	20	45	78.75	90
20	35	40	50	87.5	100
30	52.5	60	57	100	114
40	70	80	60	105	120
41	71.75	82	70	122.5	140
42	73.5	84	80	140	160
43	75.25	86	90	157.5	180
44	77	88	100	175	200

表 7—2　　　　　摄氏与华氏换算表（℃）

华氏（℉）	摄氏（℃）	华氏（℉）	摄氏（℃）
5	−15	95	35
7	−13.9	104	40
12	−11.1	113	45
14	−10	122	50
17	−8.3	131	55
22	−5.5	140	60
23	−5	149	65
27	−2.8	158	70
32	0	167	75
41	5	176	80
50	10	185	85
59	15	194	90
68	20	203	95
77	25	212	100
86	30		

表 7—3　　　　　标准容量与英、美容量换算表

标准容量（毫升）	英制容量（盎司）	美制容量（盎司）	标准容量（毫升）	英制容量（盎司）	美制容量（盎司）
200	7	6.75	65	22.75	22
250	8.75	8.50	70	24.50	23.75
300	10.50	10.25	75	26.50	25.25
350	12.25	11.75	80	28.25	27
400	14	13.50	85	30	28.75
450	15.75	15.25	90	31.75	30.50
500	17.50	17	95	33.25	32
55	19.25	18.50	100	35.25	33.75
60	21	20.25			

表 7—4　　　　　标准升与英品脱、美品脱换算表

标准升	英品脱	美品脱	标准升	英品脱	美品脱
1	1.760	2.113	15	26.387	31.702
2	3.520	4.227	16	28.157	33.815
3	5.279	6.340	17	29.917	35.928
4	7.039	8.454	18	31.676	38.042
5	8.799	10.567	19	33.436	40.155
6	10.559	12.681	20	35.186	42.269
7	12.319	14.784	30	52.784	63.403
8	14.078	16.908	40	70.392	84.538
9	15.838	19.021	50	87.990	105.672
10	17.598	21.134	60	105.588	126.806
11	19.358	23.248	70	123.186	147.941
12	21.118	25.361	80	140.784	169.075
13	22.877	27.475	90	158.372	190.210
14	24.637	29.588	100	175.980	211.344

表 7—5　　　　　英液量与标准液量、美液量换算表

英液量（盎司）	标准液量（毫升）	美液量（盎司）	英液量（盎司）	标准液量（毫升）	美液量（盎司）
6	170	5.75	18	511	17.25
7	199	6.75	19	540	18.25
8	227	7.75	20	568	19.25
9	256	8.75	30	852	28.75
10	284	9.50	40	1 136	38.50
11	313	10.50	50	1 421	48
12	341	11.50	60	1 705	57.75
13	369	12.50	70	1 989	67.25
14	398	13.50	80	2 273	76.75
15	426	14.50	90	2 557	86.50
16	455	15.25	100	2 841	96
17	483	16.25			

7. 中国常用的瓶酒规格

200 克、250 克、450 克、500 克、750 克、1 000 克等。

以容量计，我国常用酒瓶的装量为：

125，140，200，250，350，370，500，640，750，1 000 毫升。

我国常见装箱瓶数为：

表 7—6　　　　　美液量与标准液量、英液量换算表

美液量 （盎司）	标准液量 （毫升）	英液量 （盎司）	美液量 （盎司）	标准液量 （毫升）	英液量 （盎司）
6	177	6.25	18	532	18.75
7	207	7.25	19	562	19.75
8	237	8.25	20	591	20.75
9	266	9.25	30	887	31.25
10	296	10.50	40	1 183	41.75
11	325	11.50	50	1 479	52
12	355	12.50	60	1 774	62.50
13	384	13.50	70	2 070	72.75
14	414	14.50	80	2 366	83.75
15	444	15.50	90	2 662	93.75
16	373	16.75	100	2 957	104
17	503	17.75			

注：① 20 英制液量盎司＝1 品脱，16 美制液量盎司＝1 品脱，8 品脱（英、美）＝1 加仑（英、美）。

② 法国酒品还常用"quart"（夸特）作为计量单位：1 夸特（quart）≈2 品脱，1 夸特（quart）＝250 克。

每箱 12，18，20，24，30，40，48，72，144 瓶，基本都是偶数。

8. 国际常用的瓶酒规格

瓶酒规格一般以容量为单位，瓶装酒视酒的品种而不同。

开胃酒 950～1 000 毫升

甜食酒 700～750 毫升

威士忌（Whisky）700～750 毫升

金酒（Gin）760 毫升左右

朗姆酒（Rhum）700 毫升左右

伏特加（Vodka）700 毫升

干邑（Cognac）700～720 毫升

阿玛涅克（Armagnac）750 毫升

白兰地（Brandy）700～750 毫升

阿拉克（Arak）700 毫升左右

斯利佛费慈（Slivovitz）765 毫升

斯坦因哈哥（Steinhager）1 000 毫升

诺曼底果酒（Calvados）760 毫升

樱桃酒（Kirsch）1 000 毫升

玛克渣酒（Marc）1 000 毫升

威廉梨酒（Poire With'ames）700 毫升

李子酒（Prune）700～1 000 毫升

李干酒（Pruneau）1 000 毫升左右

利口酒类大多在 700～750 毫升

啤酒常见瓶装容量有 350 毫升（小瓶）和 640 毫升（大瓶）

葡萄酒常见瓶装容量见表 7—7。

表 7—7　　　　　　　　葡萄酒常见瓶装容量

酒　名		瓶装容量（毫升）
勃艮第	Demi-bouteille	（半瓶装）375
	Bouteille	（一瓶装）750
	Magnum	（两瓶装）1 500
波尔多	Fillehte	（半瓶装）375
	Bouteillc	（一瓶装）750
	Magnum	（两瓶装）1 500
	Marie-Teanne	（约三瓶装）2 500
	Double-magnum	（四瓶装）3 000
	Jeroboam'	（六瓶装）4 500
	Imperide'	（八瓶装）6 000
香槟酒	Quart	（四分之一瓶装）200
	Demi-Bouteille	（半瓶装）400
	Bouteille	（一瓶装）800
	Magnum	（两瓶装）1 600
	Jerboam	（四瓶装）3 200
	Rehoboam	（六瓶装）4 800
	Mathuaslem	（八瓶装）6 400
	Slamanazar	（十二瓶装）9 600
	Balthazat	（十六瓶装）12 800
	Nabutchodonosor	（二十瓶装）16 000
摩泽尔	Demi-bouteille	（半瓶装）350
	Bouteille	（一瓶装）700
莱茵河	Demi-Bouteille	（半瓶装）350
	Bouteille	（一瓶装）700
波特酒	Quart	（一瓶装）757.5
	Magnum	（两瓶装）15 100
	Tappit Hen	（三瓶装）2 270
	Jeroboam	（四瓶装）3 030
雪利酒	Pinte	（半瓶装）328.6
	Quart	（一瓶装）757.5

续表

酒　　名		瓶装容量（毫升）
美国葡萄酒	Tenth	（半瓶装）378.6
	Fifth	（一瓶装）727.2
	Magnum	（两瓶装）1 510

注：法国葡萄酒根据新颁布的法令规定，1983 年 12 月 31 日以后，下述瓶装规格失效：187，190，200，240，360，475，720，730，980，1 250，1 480，2 980，3 000 毫升。只允许下述瓶装规格：100，250，375，500，750，1 000，1 500，2 000，5 000 毫升。

模拟测试题

一、判断题（下列判断正确的请打"√"，错误的打"×"）

1. 酒窖必须具备隔绝自然光照、防振动和绝对恒温等条件。（　　）
2. 名贵葡萄酒一般酒龄较长，一般都贮存 25 年以上。（　　）
3. 白葡萄酒酒龄较短，一般适宜在 2 年内饮用。（　　）
4. 溜杯是将酒杯变冻的一个过程。（　　）
5. 服务人员在为客人开启香槟酒时，开拔声音要清脆响亮。但瓶口不能对着客人，以免喷出的酒液洒在客人的身上。（　　）
6. 斟酒可分为桌斟和捧斟，捧斟主要适用于非冰镇处理的酒品。
（　　）
7. 在斟啤酒时，倒入杯中的泡沫越少越好。（　　）
8. 中国白酒不但可以在常温下饮用，还可以温烫或冰镇饮用。
（　　）
9. 一般酒吧在销售威士忌时的用量要比销售白兰地的用量多。
（　　）
10. 服务人员可以使用扎壶为客人添加生啤酒。（　　）

二、单项选择题（下列每题有 4 个选项，其中只有一个是正确的，请将其代号填在横线空白处）

1. _____ 肚大而口小，特别适合用来嗅别酒液的香气。
　　A. 香槟杯　　B. 葡萄酒杯　　C. 啤酒杯　　D. 白兰地杯
2. 白葡萄酒的饮用温度一般为 _____。
　　A. 6～8℃　　B. 8～12℃　　C. 12～14℃　　D. 15～18℃
3. _____ 使用酒篮进行斟倒服务。
　　A. 红葡萄酒　　B. 白葡萄酒　　C. 雪利酒　　D. 波特酒
4. 啤酒的最佳饮用温度为 _____。

A. 5~8℃　　B. 8~11℃　　C. 11~15℃　　D. 15~18℃

5. 一般很少专门单纯饮用的蒸馏酒是_____。

　A. 爱尔兰威士忌　　　B. 特基拉酒

　C. 伦敦干金酒　　　　D. 朗姆酒

三、简答题

1. 请说出香槟杯、啤酒杯和白兰地杯的主要特点。
2. 请说出滗酒的主要作用和操作步骤。

模拟测试题答案

一、判断题

1. ×　2. ×　3. √　4. √　5. ×　6. √　7. ×
8. √　9. √　10. ×

二、单项选择题

1. D　2. B　3. A　4. B　5. C

三、简答题（略）

第八单元　　酒吧常用英语

一、基本用语

1. Welcome to our bar.
   欢迎光临我们的酒吧。
2. Nice to meet you again.
   很高兴再次见到您。
3. Please wait a moment.
   请稍等一下。
4. Is there anything I can do for you?
   还有什么事需要为您效劳吗?
5. Thank you for your coming, Good-bye.
   谢谢您的光临,再见。
6. Thank you, We don't accept tips.
   谢谢您,我们不收小费。
7. Would you like to have cocktail or whisky on the rocks?
   您要鸡尾酒还是要威士忌加冰?
8. Would you mind filling in this inquiry form?
   请填一下这张意见表好吗?
9. Leave it to me.
   让我来吧。
10. Please bring me a pot of hot coffee.
    请给我一壶热咖啡。

· 187 ·

11. Can you act as my interpreter?
    你可以做我的翻译吗?
12. Do you honor this credit card?
    你们接受这张信用卡吗?
13. Please give me a receipt.
    请给我一张发票。
14. It is no sugar in the coffee.
    咖啡里没有糖。
15. I'd like to see your manager.
    我要见你们的经理。
16. Please give me another drink.
    请给我另一份饮料。
17. Please page Mr. Li in the bar for me.
    请叫一下在酒吧里的李先生。
18. Will you take charge of my baggage?
    你可以替我保管一下行李吗?
19. Would you care for a glass of sherry with your soup?
    在喝汤的时候是否要一杯雪利酒?
20. Your friends will be back very soon.
    你的朋友很快会回来。
21. Have a nice trip home.
    归途愉快。
22. Wish you a pleasant journey.
    祝您旅途愉快。
23. Would you like me to call a taxi for you?
    要我为您叫出租车吗?
24. I'd suggest you take the one-day tour of Shanghai.
    我建议您参加上海一日游。
25. May I take you order?
    我能为您点菜吗?
26. There is a floor show in our lobby bar. Would you like to see it?
    大堂酒吧里有表演,您愿意去看吗?
27. Please feel free to tell us you have any request.
    请把您的要求告诉我们。

28. Miss Li is regarded as one of the best barmaid in the hotel.
    李小姐被认为是酒店里最好的女调酒师。

29. Here is the drink list, sir. Please take your time.
    先生，这是酒单，请慢慢看。

30. I do apologize. Is there any thing I can do for you?
    非常抱歉，还有什么可以为您效劳吗？

31. Mao Tai is much stronger than shaoxing rice wine.
    茅台酒精度数要比黄酒高。

32. Mr. Tom has caught a cold. He asks the bartender for some aspirin tablets.
    汤姆先生患了感冒，他向调酒师要一些阿司匹林药片。

33. Snack bar usually serve fast food.
    小吃吧通常供应快餐。

34. We like Shao Xing rice wine because it tastes good.
    我们喜欢绍兴黄酒是因为它口味很好。

35. We have a bottle of wine that has been preserved for twenty years.
    我们有一瓶保存了20年的葡萄酒。

36. Yesterday he caught a cold, so he didn't go to work.
    昨天他得了感冒，所以他没去上班。

37. Hotel staff should handle guest's complaint with patience.
    酒店员工必须耐心地对待客人的抱怨。

38. Since you stay at our hotel, you may sign the bill.
    从你入住我们的酒店后，你就可以签单。

39. "Bourbon on the rocks" is Bourbon whiskey on ice cubes.
    "Bourbon on the rocks" 的意思是波本威士忌加冰块。

40. I'll return to take your order in a while.
    等一会我会回来为你点单。

41. The minimum charge for a 200 people cocktail receptions is 6 000 yuan, including drinks.
    200人的鸡尾酒会最低价是6 000元，包括酒水。

42. The base of Old Fashioned cocktail is whiskey.
    古典鸡尾酒的基酒是威士忌。

43. Kahlua is a kind of liqueur.

甘露咖啡酒是一种利口酒。

44. I hope that we will be meeting again soon.
    我希望我们不久会再见面。

45. What will you be doing at 7 tonight?
    今晚7点钟你们干什么?

46. He will be waiting for you in the lobby at seven.
    他今晚7点在大堂等您。

47. What are you going to do tomorrow morning?
    明天上午您打算干什么?

48. I'm not going to stay any longer. It's going to rain, isn't it?
    我不打算再多呆下去, 天好像要下雨, 是吗?

49. If you don't mind, we can take care of your baggage for you.
    如果您不介意, 我们可以为您看管行李。

50. Let me carry the suitcase for you, will you?
    让我为您提这只皮箱好吗?

51. What would you like to drink after dinner, coffee or tea?
    晚饭后您想喝咖啡还是喝茶?

52. How shall we get to Yu Yuan Garden, by bus or by taxi?
    去豫园公园该乘公共汽车还是出租车?

53. Your breakfast will be served in a short while.
    您的早餐要过一会儿才能送到。

54. It takes about 10 minutes to drive from the airport to our hotel.
    从机场到我们宾馆驱车大约要10分钟时间。

55. Please don't speak loudly in the lobby lounge, will you?
    请不要在大堂酒吧大声说话, 好吗?

56. There's something wrong with my watch. Could you tell me where I can get it repaired?
    我的手表坏了, 请问上哪儿可以修理?

57. The children are too young to drink wine.
    孩子太小还不能喝酒。

58. I tried to remove the wine stain in my coat with soup, but in vain.
    我试着用肥皂洗去衣服上的酒渍, 但是没有成功。

59. Would you like to have some Mao Tai? It never goes to the

head.

您要喝点茅台吗？这酒从不上头。

60. A bartender should know what to do and how to do it.

    一个调酒师应该知道做什么和怎么做。

61. The bar is full now. Do you care to wait for about 20 minutes?

    酒吧现在客满，请稍等约20分钟好吗？

62. Would you mind if I smoke?

    你不介意我抽支烟吧？

63. Would you please tell me the exchange rate today?

    请你告诉我今天的外汇兑换率好吗？

64. We serve many kinds of drinks. Please help yourself.

    我们供应很多种饮料，请自便。

65. Would you please show me how to use chopsticks?

    请你教我如何使用筷子好吗？

66. Would you mind opening the window by the table?

    您不介意把餐桌一边的窗户打开吧？

67. How much do all these come to?

    这些共计多少钱？

68. Frankly speaking, I don't like this wine.

    老实说，我不喜欢这种酒。

69. I like my coffee very sweet, so does my wife.

    我喜欢把咖啡冲得很甜，我夫人也是。

70. Can this wine really have been preserved for years?

    这种酒真的是陈年葡萄酒吗？

二、常见对话

1. A：I suggest you have a taste of Shanghai cocktail.

   B：That's a good idea.

   A：我建议您试一下上海鸡尾酒。

   B：这是一个好主意。

2. A：How do you like this Shanghai cocktail?

   B：I like it very much.

   A：你喜欢这款上海鸡尾酒吗？

   B：我非常喜欢。

3. A：Here is your bill, sir.

B: How much is that in dollars?

A: 先生，这是您的账单。

B: 一共多少美元？

4. A: What would you like to drink, sir?

B: I can hardly decide what to drink.

A: 先生，您要喝些什么？

B: 我实在是难以决定该喝些什么。

5. A: Would you like to read China Daily while waiting for your drink?

B: That's fine. Thank you.

A: 您在等饮料的时候是否看看中国日报？

B: 那很好，谢谢。

6. A: Which styles of cocktail do you like better, Shanghai cocktail or American?

B: Shanghai cocktail.

A: 您更喜欢哪种风格的鸡尾酒，是上海鸡尾酒还是美国的？

B: 上海鸡尾酒。

7. A: How do you like vodka?

B: I'm afraid it's too strong for me.

A: 你喜欢伏特加吗？

B: 对于我恐怕太烈了。

8. A: Have you ever been in Shanghai?

B: No, not yet. This is my first trip to Shanghai.

A: 您以前来过上海吗？

B: 不，这是我第一次来上海。

9. A: It is quite difficult to get used to the time difference, isn't it?

B: Yes it is.

A: 适应时差是不是很困难？

B: 是的。

10. A: Please book me a table tonight and here are tips for you.

B: I'd like to. But we don't accept tips. Thank you just the same.

A: 今天晚上请给我订一张餐桌，这是小费。

B: 非常乐意，但我们不收小费，非常感谢您。

知识考核模拟试卷（一）

一、判断题（下列判断正确的请打"√"，错误的打"×"；每题1分，共15分）

1. 卡本内·苏维翁（Cabernet Sauvignon）、佳美（Gamay）、雷司令（Riesling）都是红葡萄品种。（　　）
2. 绍兴酒是我国最古老的黄酒品种，是取西湖的水酿制而成。（　　）
3. 蒸馏酒可以分为果类、谷物类和植物类三大类。（　　）
4. 金酒中以英式金酒最为流行，但金酒的发源地却是在荷兰。（　　）
5. 麦芽威士忌（Malt whisky）是只用大麦芽为原料制造的威士忌。（　　）
6. 百家地（Bacardi）、美雅士（Myers）、科鲁巴（Coruba）都是朗姆酒品牌。（　　）
7. 茅台酒是浓香型中国白酒的代表。（　　）
8. 酒会的特点是形式灵活，所以难以确立明确的主题。（　　）
9. 酒吧的推销计划是由宴会销售部制定的，由酒吧负责实施。（　　）
10. 银菲士（Silver Fizz）的调制方法是摇和法。（　　）
11. 亚历山大姐妹（Alexander Sister）的基酒是金酒。（　　）
12. 在威士忌品种中，以美国威士忌的声望最高。（　　）
13. 溜杯是一个将酒杯冷却的过程。（　　）
14. 在调制自创鸡尾酒时一般可以选用调和法来进行创作。（　　）
15. 定时消费酒会也称为包时酒会，是根据客人消费的酒水数量来进行结算的。（　　）

二、单项选择题（下列每题有4个选项，其中只有一个是正确的，请将其代号填在横线空白处；每题2分，共20分）

1. 鸡尾酒会最大的特点是_____。
　　A. 参与人数多　　B. 开支较小
　　C. 形式灵活　　D. 组织方便
2. 法国著名的白兰地产区是_____。

A. 香槟地区和波尔多地区　　B. 干邑地区和雅文邑地区

C. 波尔多地区和勃艮第地区　D. 香槟地区和勃艮第地区

3. 干马天尼鸡尾酒调制好以后应该呈现为_____。

　　A. 琥珀色　　B. 淡红色　　C. 棕色　　D. 无色透明

4. 酒会酒杯准备的数量要充足，一般根据酒会的人数乘以_____来计算。

　　A. 3.5　　B. 4.5　　C. 5.5　　D. 6.5

5. 在下列酒品中属于苏格兰威士忌的品牌的是_____。

　　A. Four Roses，Glenflddich，Bell，Chivas Regal

　　B. Old Parr，J&B，Chivas Regal，Glenflddich

　　C. J&B，Johnnie Walker，Jim Beam，Cutty Sark

　　D. J&B，Four Roses，Glenflddich，Cutty Sark

6. 鸡尾酒曼台（Mai Tai）的载杯应为_____。

　　A. 平底杯　　B. 三角鸡尾酒杯

　　C. 柯林杯　　D. 阔口香槟杯

7. 一般酒吧每月的成本率上下浮动不能超过_____的误差。

　　A. 0.5%　　B. 1%　　C. 1.5%　　D. 2%

8. 定时消费酒会的结账依据是酒会中所有客人饮用酒水的_____。

　　A. 品牌　　B. 数量　　C. 时间　　D. 品种

9. 控制酒吧酒水成本的关键在于_____。

　　A. 进货渠道和酒水价格　　B. 酒水价格和毛利率

　　C. 控制价格和减少损耗　　D. 控制存货量和减少损耗

10. Since you stay at our hotel you _____.

　　A. have to pay in cash　　B. may sign the bill

　　C. can not pay with card　　D. don't have to pay

三、填空题（请将正确答案填在横线空白处；每题2分，共20分）

1. 发酵酒是在酿酒的原料中加入_____和_____，经过酿造而成的含有_____的酒品。

2. 酒吧常用的谷物蒸馏酒有_____、_____、_____。

3. 世界上最著名的干邑生产国是_____。

4. 请写出鸡尾酒吉列特的英语名称是_____。

5. 黄金菲士（Golden Fizz）是采用_____调制的鸡尾酒，其载杯为_____。

6. 酒会又称_____，最大的特点是_____。

7. 酒吧人员配备的原则是_____和_____。

8. 在酒吧中一般低价酒水的成本可_____，名贵酒水的成本可以_____。

9. 伏特加的主要原料是_____、_____、_____、_____等谷物，有些寒冷地区也使用马铃薯。

10. 蒸馏酒又称为_____，是将原料经过_____、_____、_____而成的酒。

四、多项选择题（下列每题的多个选项中，至少有 2 个是正确的，请将其代号填在横线空白处；每题 3 分，共 15 分）

1. "绍兴老酒"指的是_____。
   A. 花雕酒   B. 加饭酒   C. 醇香酒   D. 封缸酒
   E. 寿生酒   F. 沉缸酒

2. 下列属于蒸馏酒的分别是_____。
   A. Brandy   B. Whisky   C. Rum   D. Gin
   E. Tequila   F. Vodka

3. 下列品牌中属于味美思酒的分别是_____。
   A. Fino   B. Martini   C. Chambery   D. Cinzano
   E. Oloroso   F. Croft

4. _____是兼香型的中国白酒。
   A. 五粮液   B. 汾酒   C. 西凤酒   D. 古井贡酒
   E. 洋河大曲 F. 董酒

5. 色彩中的三原色是指_____。
   A. 白色   B. 黑色   C. 红色   D. 绿色   E. 黄色
   F. 蓝色

五、英译中（请将下列英文翻译成中文；每题 1 分，共 5 分）

1. Champagne

2. Pousse cafe

3. Cocktail pick

4. Drink list

5. House pouring

六、中译英（请将下列中文翻译成英文；每题 2 分，共 10 分）

1. 欢迎光临我们的酒吧。

2. 让我来吧。

3. 先生,这是酒单,请慢慢看。
4. 祝您旅途愉快。
5. A:我建议您试一下上海鸡尾酒。
　　B:这是一个好主意。

七、简答题(每题5分,共10分)

1. 请说出威士忌的主要生产国并列举出其主要品牌(中英文至少四种)。
2. 请简述在调制鸡尾酒时的注意事项。

八、计算题(共5分)

一杯咖啡在某酒吧的售价为20元,其成本率为20%,请计算出这杯咖啡的成本应为多少?

知识考核模拟试卷（二）

一、判断题（下列判断正确的请打"√"，错误的打"×"；每题 1 分，共 15 分）

1. 雷司令（Riesling）是著名的德国白葡萄品种。（   ）
2. 黄酒是不能用金属器皿来贮存的。（   ）
3. 在饮用白兰地时应该加入适量的冰块。（   ）
4. 金酒的发源地是在荷兰，最初被用做利尿剂。（   ）
5. 旧美醇（John Jameson）、布施米尔（Bushhmills）都是爱尔兰威士忌的著名品牌。（   ）
6. 特基拉酒（Tequila）又被称为龙舌兰酒，只有在墨西哥生产。（   ）
7. 剑南春是四川宜宾剑南春酒厂生产的。（   ）
8. 酒会的特点是形式灵活，每个酒会都有明确的主题。（   ）
9. 酒水成本是指酒水在销售过程中的直接成本。（   ）
10. 黄金菲士（Golden Fizz）的调制方法是摇和法。（   ）
11. 热托蒂（Hot Toddy）的基酒是白朗姆酒。（   ）
12. 白兰地卡斯特（Brandy Crusta）的载杯是白兰地杯。（   ）
13. 红、黄、绿在色彩中都属于暖色。（   ）
14. 白葡萄酒的饮用温度要比红葡萄酒的饮用温度略微高一些为好。（   ）
15. 在酒店中标准酒吧设置是最常用的一种酒吧设置形式。（   ）

二、单项选择题（下列每题有 4 个选项，其中只有一个是正确的，请将其代号填在横线空白处；每题 2 分，共 20 分）

1. 只需确认客人人数和消费时间就可以进行安排的酒会形式是_____。
   A. 计量消费酒会　　B. 定时消费酒会
   C. 定额消费酒会　　D. 现付消费酒会

2. 半干性黄酒的代表酒是_____。
   A. 加饭酒　　B. 善酿酒　　C. 元红酒　　D. 香雪酒

3. _____是西班牙的国酒。
   A. 波特酒　　B. 利口酒　　C. 雪利酒　　D. 玛德拉酒

4. 泸州老窖大曲是_____的中国白酒。
   A. 酱香型　　B. 清香型　　C. 兼香型　　D. 浓香型

5. 以下酒品中都属于法国白兰地品牌的是_____。
   A. Courvoisier，Glenflddich，Martell，Remy Martin
   B. Hennessy，Otard，Remy Martin，Glenflddich
   C. Remy Martin，Hennessy，Jim Beam，Courvoisier
   D. Remy Martin，Courvoisier，Otard，Hennessy

6. 冷爵士乐（Cool Jizz）是用_____来进行调制的。
   A. 兑和法　　B. 调和法　　C. 摇和法　　D. 搅和法

7. 通过_____可以知道酒吧座位的使用率。
   A. 营业额　　B. 客人人数　　C. 平均消费　　D. 操作情况

8. 在下列中国白酒中，_____是中国配制的。
   A. 西凤酒　　B. 竹叶青　　C. 剑南春　　D. 郎酒

9. 四玫瑰（Four Roses）是_____的威士忌品牌。
   A. 美国　　B. 加拿大　　C. 苏格兰　　D. 爱尔兰

10. 明朝以后，人们习惯用_____放在热水中来温烫黄酒。
    A. 铁壶　　B. 铜壶　　C. 铝壶　　D. 锡壶

三、填空题（请将正确答案填在横线空白处；每题2分，共20分）

1. 按照含糖量可以把黄酒分为_____、_____、_____和_____四类。

2. 蒸馏酒按照生产原料可分为_____、_____、_____、_____四大类。

3. 世界上最著名的威士忌生产国是_____。

4. 请写出鸡尾酒桑比的英语名称是_____。

5. 生锈钉（Rusty Nail）是采用_____法调制的鸡尾酒，其载杯为_____。

6. 酒会的种类有很多，可以根据_____分类，根据_____分类，根据_____分类等。

7. _____、_____、_____是色彩中的基本颜色，被称为三原色。

8. 朗姆酒是以_____为主要原料生产的，著名品牌有_____、_____、_____等。

9. 伏特加的主要生产国除了俄罗斯以外还有_____、_____、_____、_____等国家。

10. 配制酒通常以_____、_____为基酒加入_____和_____制成。

四、多项选择题（下列每题的多个选项中，至少有2个是正确的，请将其代号填在横线空白处；每题3分，共15分）

1. 下列属于谷物发酵酒的是_____。
   A. 啤酒　　B. 威士忌　　C. 中国黄酒　　D. 日本清酒
   E. 葡萄酒　　F. 伏特加

2. 下列属于谷物蒸馏酒的分别是_____。
   A. Brandy　　B. Whisky　　C. Rum　　D. Gin
   E. Tequila　　F. Vodka

3. 鸡尾酒B—52轰炸机的基酒分别是_____。
   A. Campari　　B. Kahlua　　C. Grenadine　　D. Bailey's
   E. Cointreau　　F. Rum

4. _____是酱香型的中国白酒。
   A. 五粮液　　B. 郎酒　　C. 茅台　　D. 洋河大曲
   E. 剑南春　　F. 珍珠酒

5. _____冰镇后饮用口味更佳。
   A. 白葡萄酒　　B. 香槟酒　　C. 啤酒　　D. 日本清酒
   E. 白兰地　　F. 金酒

五、英译中（请将下列英文翻译成中文；每题1分，共5分）

1. advocaat
2. fermentation
3. full bar set up
4. straight up
5. no-age

六、中译英（请将下列中文翻译成英文；每题2分，共10分）

1. 谢谢您的光临，再见。
2. 祝您旅途愉快。
3. 在喝汤的时候是否要一杯雪利酒。
4. A：先生，这是您的账单。
   B：一共多少美元？
5. A：先生，您要喝些什么？
   B：我实在难以决定该喝些什么。

七、简答题（每题5分，共10分）

1. 请说出威士忌的主要生产国并列举出其主要品牌（中英文至少四种）。

2. 请简述按消费形式分类的四种酒吧各有什么特点。

八、计算题（共5分）

一桶橙汁的成本是30元，可以倒六杯，如果成本率为20%，请计算出一杯橙汁的售价应为多少元？

知识考核模拟试卷（一）答案

一、判断题
1. × 2. × 3. × 4. √ 5. √ 6. √ 7. ×
8. × 9. × 10. × 11. √ 12. × 13. √ 14. ×
15. ×

二、单项选择题
1. C 2. B 3. D 4. A 5. B 6. A 7. A 8. C
9. D 10. B

三、填空题
1. 酵母 催化剂 发酵 酒精   2. 威士忌 金酒 伏特加
3. 法国   4. Gimlet   5. 搅和法 柯林杯   6. 鸡尾酒会 形式灵活   7. 工作时间 营业状况   8. 高些 低些   9. 玉米 大麦 小麦 黑麦   10. 烈性酒 糖化 发酵 蒸馏

四、多项选择题
1. AB   2. ABCDEF   3. BCD   4. CF   5. CEF

五、英译中
1. 香槟酒   2. 彩虹鸡尾酒   3. 鸡尾酒签   4. 酒单
5. 酒店指定散卖酒

六、中译英
1. Welcome to our bar.
2. Leave it to me.
3. Here is the drink list, sir. Please take your time.
4. Wish you a pleasant journey.
5. A: I suggest you have a taste of Shanghai cocktail.
   B: That's a good idea.

七、简答题（略）

八、计算题
成本率＝成本/售价
成本＝成本率×售价
　　　＝15%×20
　　　＝3（元）

知识考核模拟试卷（二）答案

一、判断题
1. √   2. √   3. ×   4. √   5. √   6. √   7. ×
8. √   9. √   10. ×   11. ×   12. ×   13. ×   14. ×
15. √

二、单项选择题
1. B   2. A   3. C   4. D   5. D   6. C   7. B   8. B
9. A   10. D

三、填空题
1. 干型   半干型   半甜型   甜型   2. 果类   谷物类   植物类   其他类   3. 苏格兰   4. Zombie   5. 调和滤冰法   三角鸡尾酒杯   6. 主题   组织形式   收费方式   7. 红色   黄色   蓝色   8. 甘蔗   百家地   哈瓦那俱乐部   美雅士   9. 波兰   芬兰   美国   加拿大   10. 酿造酒   蒸馏酒   酒精   香精

四、多项选择题
1. ACD   2. BDF   3. BDE   4. BCF   5. ABC

五、英译中
1. 蛋黄酒   2. 发酵   3. 标准酒吧设置   4. 净饮   5. 没有陈化的酒

六、中译英
1. Thank you for your coming. Good-bye.

2. Wish you a pleasant journey.

3. Would you care for a glass of sherry with your soup.

4. A：Here is your bill, sir.

    B：How much is that in dollars?

5. A：What would you like to drink, Sir?

    B：I can hardly decide what to drink.

七、简答题（略）

八、计算题
成本率＝成本/售价

售价＝成本/成本率＝(30/6)/20％＝25（元）

附件

酒吧专业名词和术语

一、酒吧专业名词

Advocaat	蛋黄酒
Ale	顶部发酵的啤酒
almond	杏仁
Anisette	茴香餐后甜酒
Aperitif	开胃酒
Apricot brandy	杏子白兰地
Bacardi rum	百家地朗姆酒
barmaid	女调酒师
bartender	调酒师
Beer	啤酒
Benedictine	法国修士酒
beverage	饮料、酒水
bitterlemon	苦柠檬水
Bitters	比特酒
Bock	浓度啤酒
Bourbon whiskey	美国波本威士忌
Cassis	法国黑加仑子酒
Champagne	香槟酒
Chartreuse	修道院酒
Cherry brandy	樱桃白兰地
Cocktail	鸡尾酒
Congnac	法国干邑地区
Creme de Cacao	可可甜酒
Creme de Cafe	咖啡甜酒
Creme de Menthe	薄荷酒
Curacao	香橙甜酒
Cusenier orange	法国巴黎产的橘皮酒
Dark rum	黑朗姆酒

distilled water	蒸馏水
Dortmund	德国产啤酒（酒度较高，有轻微的苦味）
Draught beer	生啤酒
drink	饮料
espresso coffee	意大利特浓咖啡
Fino	一种淡色的雪利酒
French	法国的
grenadine	红石榴汁
German	德国的
Gin	金酒、杜松子酒
Grand manier	金万利
grape	葡萄
grapefruit juice	西柚汁
ham	火腿
honey	蜜糖
Lrish coffee	爱尔兰咖啡
Lzarra	法国产香草餐后甜酒
juice	果汁
Kummel	茴香型餐后甜酒
Lager	底部发酵的啤酒
lemonade	柠檬味汽水
lime	青柠檬
Liqueur	餐后甜酒
Liqueur d'abricots	杏子白兰地
long drink	长饮
Madeira	马德拉酒
malt	麦芽
Malt whisky	纯麦芽威士忌
Maraschino	意大利产的樱桃餐后甜酒
meat	肉
medium dry	半干
Munchen	慕尼黑啤酒
nutmeg	豆蔻粉

olive	水橄榄
Oloroso	棕红色雪利酒
onion	小洋葱
Pippermint (Green de Menthe)	绿薄荷酒
Pousse cafe (Rainbow)	彩虹酒
proof	美国计算酒度的单位
pub	英式小酒吧
punch	宾治
quinin	奎宁水
raisin	葡萄干（常指无核的）
Rose	桃红、玫瑰红葡萄酒
Rum	朗姆酒
Scotch whisky	苏格兰威士忌
Spirit	蒸馏酒
Stout	黑啤酒
sweet	甜
tea	茶
tonic	托尼克水
Vermouth	味美思酒
Verveine	马鞭草餐后甜酒
vineyard	葡萄园
water	水
Whisky	威士忌酒
Wine	葡萄酒

二、酒吧专业术语

age	陈年（陈化）
bar knife	酒吧刀
bar set up	酒吧设置
bar spoon	酒吧匙
bar stool	酒吧台前的转椅
bill	账单
blend	搅和法
blender	搅拌机
bottle	酒瓶

bucket	酒桶
build	兑和法
busy	繁忙
cash	现金
cashier	收银员
cellar	酒窖
check list	检查表格
chilled	经过冰镇的
close the bar	酒吧收市
coaster	杯垫
cocktail pick	酒签
collins	柯林杯
cooler	冷柜
cork	葡萄酒瓶的木塞
corkscrew	葡萄酒开瓶器
credit card	信用卡
cutting board	案板
drink list	饮料单
drop	滴
equipment	设备用具
fashion show	时装表演
fermentation	发酵
fill up with…	用……斟至满杯
flavour	味道
float on top	浮在上面
follow up	执行
orm	表格
freezer	冰柜
fresh	新鲜的
full bar set up	标准酒吧设置
full body	浓味的酒
function	宴会、酒会、冷餐会等活动
handle	处理
happen	发生

happy hour	快乐时光用优惠价格销售酒水的时间
highball glass	高杯
hostess	领位员
hot	热、辣
house pouring	酒店指定品牌，用于散卖的酒
jigger	量杯
job	工作
junior	初级
laundry	洗衣房
lawless	非法的
light body	清淡的酒
laundry	酒廊
make up	化妆
manager	经理
misconduct	过失
miss	想念
mix	混合
movement	移动、调动
napkin	餐巾
no-age	没有陈化的酒
noise	吵闹声
normal	正常的、常规的
no-vintage	没有年份的酒
office	办公室
one round	在酒吧柜台上的人每人一杯酒
on the rocks	加冰饮用
open	打开
open bar	正式酒吧
operation	操作、营业
order	出品单
over eat	吃得太多

over time	加班工作
stock	存货
pay	付款
plate	盘子
pour	倒、斟
procedure	程序
promotion	推销
push drink	推销酒水
quality	质量
record	记录
refill	补充
refrigerator	冰箱
repeat	重复
requisition	领货单
serve	服务、出品
service	服务
shake	摇和法、用摇酒器摇
shot	烈酒杯
show	表现、表演
sigh bill	签单
slice	薄薄的一片
smell	味道、闻味
spiral	整个果皮削成螺旋状垂入酒杯中
stir	调和法
stir in	边加料边调和
stock taking	盘点
store	仓库
straight up	净饮、纯饮
strain	过滤冰块
straw	吸管
supervisor	主管、督导
system	体系
take care	小心、照顾

take order	点酒水、点菜
taste	品尝、口味
title	标题、职务
tower	毛巾
transportation	交通
twist	削一螺旋状的长条果皮垂入酒杯中
uniform	制服
use	使用
utensil	用具
vintage	年份（常指葡萄酒的生产时间）
waiter knife	酒吧刀
wine cooler	风冷酒柜
wine list	餐酒单
zest	柑橘皮削薄薄的一片，把汁液拧入饮料中
zester	剥皮器

三、酒吧调酒常用术语及解释

1. 酒吧（Bar）。酒吧一词由过去横于客人与酒桶（主人）间的栅栏引申而来。后来是指向客人提供饮料的柜台。今天的酒吧是指向客人提供各种饮料的幽静典雅的社交娱乐场所。目前世界上最长的酒吧在澳大利亚，长约90米。

2. 调酒师（Bartender）。调酒师顾名思义是指调制各种酒水和销售酒水的人。但在美国还译为：丧失了希望和梦想的人赖以倾诉心声的最后对象。可见其具有更深刻的含义。

3. 家庭酒吧（Housebar）。为随时领略酒和鸡尾酒世界，您不妨在家里设置一个简易酒吧。家庭酒吧可根据各人爱好自行设计，一般应具备如下器具：摇晃器、调酒杯、过滤网、吧勺、碎冰器、搅拌器、量杯、酒针及关于调制鸡尾酒的参考书。只要具备上述器具并加以调制，就可调成各种可口的鸡尾酒，增添业余生活的乐趣。

4. 烈酒（Spirits）。烈酒是指酒精含量较多的酒，广义上讲，包括了所有蒸馏酒。如金酒、伏特加、朗姆、特基拉以及中国的茅台、五粮液等无色透明的蒸馏酒。烈酒在我国又被称为白酒。

5. 基酒（Base）。基酒是调配鸡尾酒必不可少的基本原料酒。作为基酒的酒须是蒸馏酒、酿造酒、混成酒中的一种或几种，一般采用前两种。

6. 餐前鸡尾酒（Aperitif cocktail）。餐前鸡尾酒又称开胃鸡尾酒。过去主要指马天尼、曼哈顿两种。现在以葡萄酒、雪利酒等为基酒的辣口鸡尾酒也已成为餐前鸡尾酒的新品种。

7. 酒精饮料（Alcohol drinks）。酒精饮料指含 1°以上酒精的饮料（即饮料内含 1％的酒精）。酒精饮料在制法上分为酿造酒、蒸馏酒、混成酒三类。

8. 硬饮（Hard drinks）。硬饮是指除啤酒、葡萄酒以外的高酒精度饮料。

9. 软饮（Soft drinks）。软饮是指不含酒精或酒精含量不到 1％的饮料。碳酸饮料、果汁、乳酸饮料以及咖啡、红茶等均称为软饮。

10. 混合饮料（Mixing drinks）。混合饮料泛指鸡尾酒。按饮料的种类或做法，又大体可分短饮和长饮两类：短饮一般指用冰镇法冷却后注入带脚的杯子，短时间内饮用的饮料；长饮又分为冷饮和热饮两种。一般用水杯、柯林杯和高脚水杯等大型酒具作容器。冷饮多为消暑佳品，杯中放入冰块后，将会使饮者长时间地感到凉爽。热饮为冬季必需，杯中加入热水或热牛奶等。

11. 干、半干（Dry 和 semi—dry）。干、半干是指酒混合后的味为辣味而不是甜味的酒。

12. 品味、风格（Style）。品味、风格是指品酒时使用的专门术语，有品味、味道等意思。

13. 精华（Cream）。精华指将酒加热时，水分、酒精等蒸发后，残存的糖分、灰分和不挥发的有机酸，是形成酒香和酒味的关键，专业上称为精华。其含量越多，酒的比重越大，是调制彩虹酒的重要因素。

14. 混合（Mixing）。混合是调制鸡尾酒的方法之一，使用混合器使饮料混合。

15. 直入（Building）。直入又称兑和法，即将材料直接放入鸡尾酒杯中调制而成的意思。

16. 搅拌（Blending）。搅拌是调制鸡尾酒的方法之一，指用调酒勺迅速调搅酒杯中的材料和冰块。

17. 摇晃（Shaking）。摇晃是调制鸡尾酒的重要方法之一，它与搅拌、兑和、调和三种方法并称为四大调酒法。

18. 雾霭法（Vapouring）。雾霭法是将材料直接注入装满碎冰的岩石杯中的饮酒方法。由于碎冰的冷却力较强，会使杯子挂上一层薄薄的宛如雾霭的水滴，故而得名。

19. 霜法（Snow frosting）。霜法是指鸡尾酒的杯口需用盐或砂糖粘上一圈，由于像一层霜雪凝结于杯口，故被称为雪霜式。即先将杯口在柠檬的切口上涂一圈均匀的果汁，然后再将杯口在盛有盐或糖的小碟里沾一下即成。

20. 冰霜式（Frosting）。使用碎冰制成的鸡尾酒，将碎冰与其他材料混合，经搅拌后便成冰霜状，是消暑佳品。

21. 清尝（Neat）。是指只喝一种纯粹的、不经任何加工的饮料。如在美国酒吧，点威士忌时，侍者会问 On the Rocks（加冰饮用）还是 Straight（纯净的），一般回答 Up（即纯净的）或 Over（加冰饮用），也可说 Neat（即清尝）。

22. 双混法（Dual mixing）。双混法是指两种不同的饮料对半混合的方法。如深色啤酒与淡色啤酒对半掺和饮用；辣味美思与甜味美思对半混合饮用等。

23. 漂浮（Floating）。漂浮是指一种利用酒的比重，使同一杯中的几种酒不相混合的调酒方法。如将一种酒漂浮于另一种酒上，使酒漂浮在水或软饮料上。彩虹酒即是采用此法调成的。

24. 份酒（Share）。份酒是一种简便的量酒方法。即将酒倒入普通玻璃杯（容量约 240 毫升）后用手指来度量，一手指量约为 30 毫升，又称单份；二手指量为 60 毫升，又称双份。

25. 醑（Dash）。醑又称一甩，一般用在苦精上。酒瓶上有一小洞，把瓶子轻轻摇一圈而斟出来的酒量相当于 1/2 茶匙或 0.16 毫升（3～4 滴）。

26. 追水（Chaser）。追水是缓和度数高的酒所追加的冰水，即喝一口酒，接着喝一口冰水。

27. IBA（International bartender association）。国际调酒师协会。

28. 配方（Recipe）。是调和分量和调剂方法的说明。

29. 斟注（Pour）。即把酒倒入杯子里或倒入调酒器内。

30. 装饰（Decorate）。鸡尾酒调好后必须加以装饰，即点缀。

31. 冰块（Cube ice 或 Cracked ice）。鸡尾酒以冷冻的为多，必须用碎冰块加入调酒器内调和，使酒冷冻。

32. 切薄片（Slice）。把柠檬、橙等切成薄片，厚薄要适当。

33. 剥皮（Peel）。切剥果皮，用柠檬皮和橙皮挤汁于酒面上，以增加香味。切皮要切成薄片，不能带着果品肉质，否则难挤出汁水。

34. 榨汁（Squeeze）。调制鸡尾酒最好用新鲜果汁作材料，可用压榨机榨出新鲜果汁。

35. 糖浆（Syrup）。鸡尾酒大多是甜味，需要糖分，但酒是冷的，加砂糖不易溶解，加糖浆容易溶解于酒中。

36. 过滤（Sieve）。把摇壶内或调酒杯内的鸡尾酒摇匀后，用滤冰器滤去冰块，并将酒倒入鸡尾酒杯或其他杯内，称为过滤。